超人氣 Instagram 視覺行銷力 第二版

鄧文淵／總監製　文淵閣工作室／編著

小編不敗，經營IG品牌人氣王的

120個秘技！

關於文淵閣工作室

常常聽到很多讀者說：我就是看你們的書學會用電腦的。

是的！這就是寫書的出發點和原動力，想讓每個讀者都能看我們的書跟上軟體的腳步，讓軟體不只是軟體，而是提昇個人效率的工具。

文淵閣工作室創立於 1987 年，第一本電腦叢書「快快樂樂學電腦」於該年底問世。工作室的創會成員鄧文淵、李淑玲在學習電腦的過程中，就像每個剛開始接觸電腦的你一樣碰到了很多問題，因此決定整合自身的編輯、教學經驗及新生代的高手群，陸續推出 「快快樂樂全系列」 電腦叢書，以輕鬆、深入淺出的筆觸、詳細的圖說，解決電腦學習者的徬徨無助，並搭配相關網站服務讀者。

隨著時代進步與讀者需求，文淵閣工作室除了原有的 Office、多媒體網頁設計系列，更將著作範圍延伸至各類程式設計、社群平台、數據分析、攝影、影像編修與創意書籍，如果在閱讀本書時有任何的問題或是心得想與大家討論分享，歡迎至文淵閣工作室網站，或者使用電子郵件與我們聯絡。

- 文淵閣工作室網站 http://www.e-happy.com.tw
- 服務電子信箱 e-happy@e-happy.com.tw
- 文淵閣工作室 粉絲團 http://www.facebook.com/ehappytw
- 中老年人快樂學 粉絲團 https://www.facebook.com/forever.learn

總監製：鄧文淵

監督：李淑玲

行銷企劃：鄧君如．黃信溢

企劃編輯：鄧君如

責任編輯：熊文誠

執行編輯：黃郁菁、鄧君怡

本書特點

Instagram 是以分享相片與影片為主的社群平台，個人和企業都能在此拓展交友圈與品牌事業。本書精選九大主題，搭配各項實用技巧、輔以詳細步驟說明，讓你快速上手 Insatgram，完整了解 Instagram 商業行銷手法，打造出亮眼的個人、品牌魅力。

閱讀方法

以 Tips 方式歸納，針對想學習的技巧練習，隨查隨用，快速解決使用問題。

Tips 編號、主要功能與相關介紹

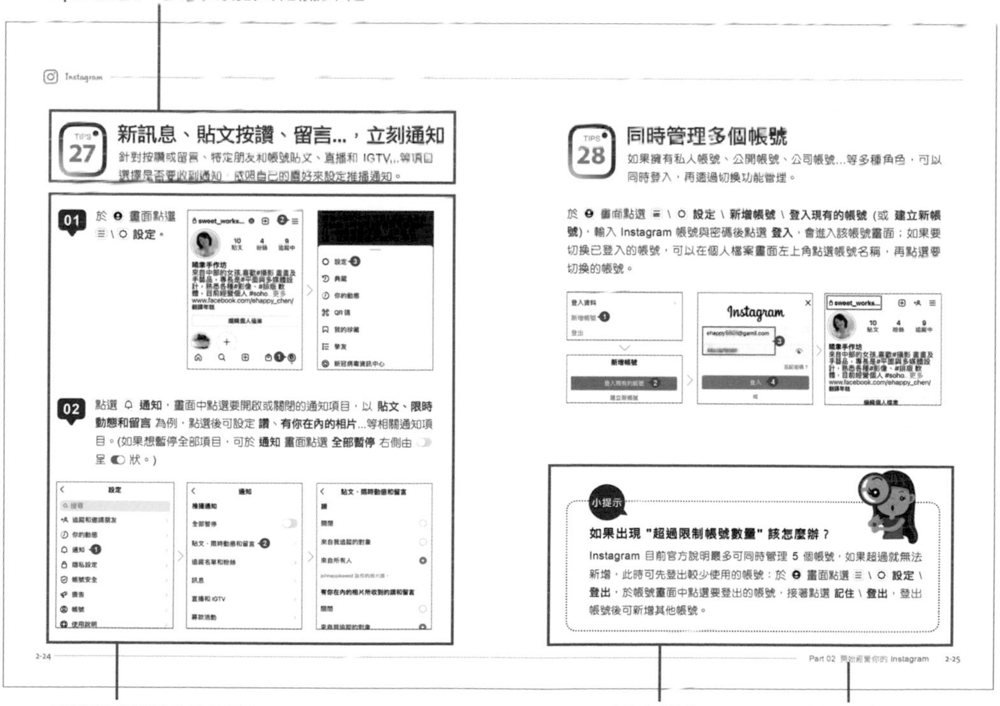

TIPS 27 新訊息、貼文按讚、留言...，立刻通知

針對按讚或留言、特定朋友和帳號貼文、直播和 IGTV...等項目選擇是否要收到通知，依照自己的喜好來設定推播通知。

01 於 ● 畫面點選 ☰ \ ⚙ 設定。

02 點選 🔔 通知，畫面中點選要開啟或關閉的通知項目，以 貼文、限時動態和留言 為例，點選後可設定 讚、有你在內的相片...等相關通知項目。(如果想暫停全部項目，可於 通知 畫面點選 全部暫停 右側由 ◯ 呈 ● 狀。)

TIPS 28 同時管理多個帳號

如果擁有私人帳號、公開帳號、公司帳號...等多種角色，可以同時登入，再透過切換功能管理。

於 ● 畫面點選 ☰ \ ⚙ 設定 \ 新增帳號 \ 登入現有的帳號 (或 建立新帳號)，輸入 Instagram 帳號與密碼後點選 登入，會進入該帳號畫面；如果要切換已登入的帳號，可以在個人檔案畫面左上角點選帳號名稱，再點選要切換的帳號。

小提示

如果出現 "超過限制帳號數量" 該怎麼辦？

Instagram 目前官方說明最多可同時管理 5 個帳號，如果超過就無法新增，此時可先登出較少使用的帳號：於 ● 畫面點選 ☰ \ ⚙ 設定 \ 登出，於帳號畫面中點選要登出的帳號，接著點選 記住 \ 登出，登出帳號後可新增其他帳號。

2-24　Part 02 開始經營你的 Instagram　2-25

步驟說明與圖片示意　補充說明　各單元主題

設備與環境

本書主要針對 Instagram 社群平台進行介紹，以 "手機" 搭配 "Instagram" App 並在 "連接網路" 的環境下操作 (部分功能建議使用電腦瀏覽器操作較能呈現最佳結果)；畫面均以 iOS 系統為主，Android 系統操作幾乎相同，差異的部分會以括弧說明，例如：點選 **刪除** (或 **刪除珍藏分類**)。

本書附錄電子書

"附錄：想要粉絲人數激增，拍張好相片就對了！" 分享許多拍照技巧，要如何拍出吸睛的相片呢？主題要多大、光線要怎麼取捨？都是可以考慮的重點，多加練習一定可以拍出專家級的美照！

◤ 線上下載

附錄單元為 PDF 格式電子檔，內容請至下列網址下載：

http://books.gotop.com.tw/download/ACV043300

選按 **附錄.zip** 即可下載附錄電子書壓縮檔，檔案格式為 ZIP，讀者自行解壓縮即可運用。

本附錄內容僅供合法持有本書的讀者使用，未經授權不得抄襲、轉載或任意散佈。

目錄

Part 01 用 Instagram 視覺創意打造新潮流

Part 02 開始經營你的 Instagram

Part

03 人氣與曝光度翻倍的 Instagram 貼文

Part 04 限時動態玩出創意新商機

Part
05 直播視訊與探索 IGTV

Part 06 Instagram 與 Facebook 跨社群最強集客力

Part 07 邁向成功的商業品牌行銷術

Part 08 小編快看！一定要知道的好用工具

Part 09 國內外知名 Instagram 玩家推薦

Part 附錄 想要粉絲人數激增，拍張好相片就對了！

(本單元為 PDF 格式電子檔，請至碁峰網站下載 http://books.gotop.com.tw/download/ACV043300)

Part

01

用 Instagram 視覺創意打造新潮流

Instagram 簡稱 IG，是一款相片及視訊分享的社群平台。可與朋友聯繫、分享近況、直播，或瀏覽來自全世界其他用戶分享的時尚潮流、美食、旅遊...等主題美照，更是電子商務與社群行銷最強而有力的工具。

Instagram 社群媒體新勢力

Instagram 社群平台，藉由用戶彼此熱絡互動，為個人記錄生活、為品牌開拓新客群、創造極高價值！

Instagram 是什麼？

"即時 (instant)" 加 "電報 (telegram)"，就是 Instagram 名稱的由來，現在人們用相片分享故事就像以前用電報傳達訊息。一開始 Instagram 的特色就是只分享正方形 1:1 比例相片，就跟 "拍立得" 相機一樣，即拍即時成像，將當下美好的回憶收進相片並上傳至社群平台與朋友分享。

Instagram 最初設計的 Logo 就像一台拍立得相機。

Instagram 令人著魔般的魅力

"人類是視覺動物，會被外表所吸引"，Instagram 就是抓住這一特點，以相片與影片為主，只要拍出一張好看的相片或影片，即可吸引更多人來追蹤你的帳號。Instagram 是一款結合拍照與修圖、社群服務的軟體，提供更多元化的相片編輯工具與濾鏡效果，使用者可以藉由內建的功能拍照、修圖美化相片。

從 2010 年 10 月上架後，短短 8 個月內就突破了 500 萬使用者，不到 1 年就達到 1000 萬人，上傳的相片數量更超過 1 億張以上，如此驚人的成長令當時很多人跌破眼鏡。以下簡單列出各社群平台的特色與其主要功能差異：(截至 2020 年為止，Instagram 使用者已超過 10 億人。)

	Instagram	Facebook	Twitter
特色	同屬一間公司，很多特色相似，像是超過數十種濾鏡及相片編輯功能...等，還可同步管理二個平台的訊息、留言、商店與廣告。		立即轉貼與優化工具 TweetDeck。
功能	分享相片、影片，建立直播、限時動態、動態消息、hashtag、訊息、打卡、標註、排程貼文、商店、刊登專業廣告...等。		即時更新個人訊息、影片上傳、群組私訊。

時下年輕人想看的是簡短文字加上吸引人的視覺化圖像，以及明星與網紅們的生活分享、有趣又個性化的限時動態功能，Instagram 吸引了大量年輕用戶。

除了上述的重點，你可以在 Instagram 上傳相片同時並分享至 Facebook、Twitter...等社群平台，只要一次貼文動作就能同時在多個社群平台曝光，提高你的貼文能見度。

Instagram 在商業市場的應用

國外民調機構報告指出：有 71% 使用者是 35 歲以下，最愛使用的年齡層第一名是 25-34 歲，其次是 18-24 歲，由此得知 Instagram 是青少年們最愛使用的平台之一；另外有 71% 國外企業聲稱它們的 Instagram 帳號會使用於商業用途上；有 50% 使用者至少會關注追蹤一個商業帳號。在這麼龐大的商機中，不少企業或是名人開始認真經營屬於他們的 Instagram 品牌，像是星巴克就會舉辦 Instagram 專屬活動，藉此提高買氣也能增加粉絲數量。

不管是個人或是店家、企業品牌，都要先確認自己的定位為何？有明確定位或形象時，才能吸引目標族群，這時就可以更專心朝著目標發展下去，最後透過數據分析了解粉絲面向，依不同屬性做出合適的行銷方式，提高自我競爭優勢，精準地找到目標客群。

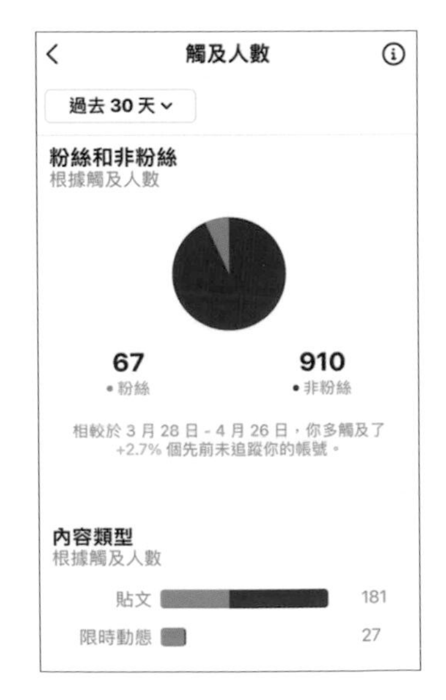

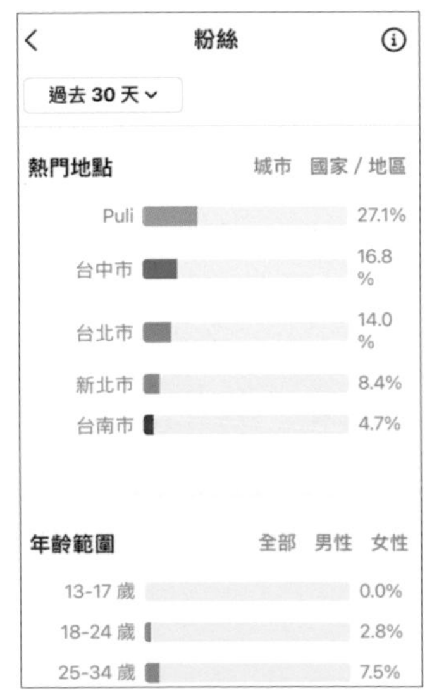

Instagram 用相片吸引粉絲目光

"美感是可以訓練的"，想要粉絲人數激增，拍張好相片就對了！本書附錄將說明如何拍出好相片，不論是生活分享或是商品行銷，吸睛的相片可以創造最大優勢。

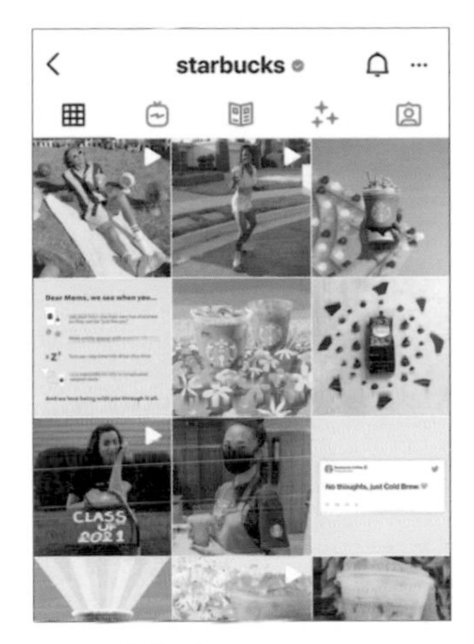

星巴克 Instagram

無印良品 Instagram

麥當勞 Instagram

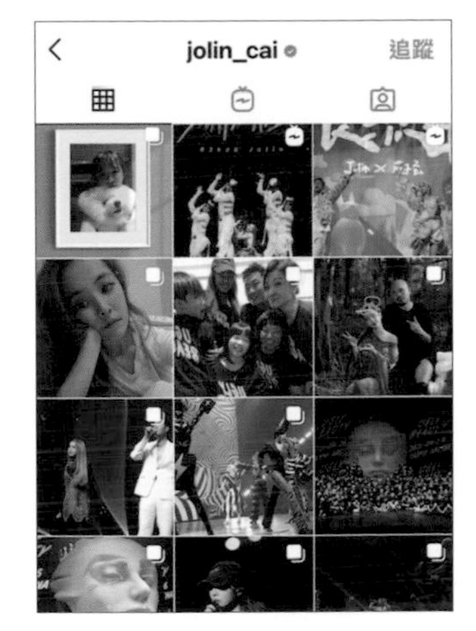

藝人蔡依林 Instagram

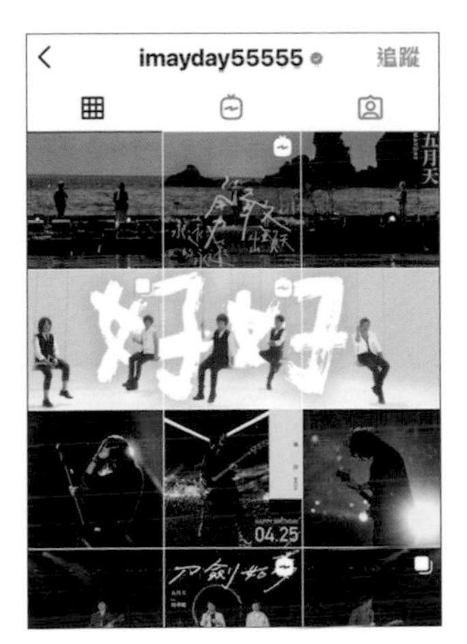

藝人五月天 Instagram

申請 Instagram 帳號

跟一般社群平台一樣，要先建立一組專屬於你的 Instagram 帳號，才能開始使用 Instagram。

於手機或行動裝置下載 Instagram 應用程式，安裝完成後，點選 開啟。接著可選擇建立新帳號或是以現有的帳號登入，如果你有 Facebook 帳號也可直接使用該帳號登入 Instagram 。

建立新帳號

首先說明沒有 Facebook 或 Instagram 帳號時，可依以下操作方式建立 Instagram 新帳號。

01 點選 **建立新帳號**，接著可以選擇使用手機或是電子郵件註冊，在這裡點選 **電子郵件地址**，輸入要使用的電子郵件，點選 **下一步**。

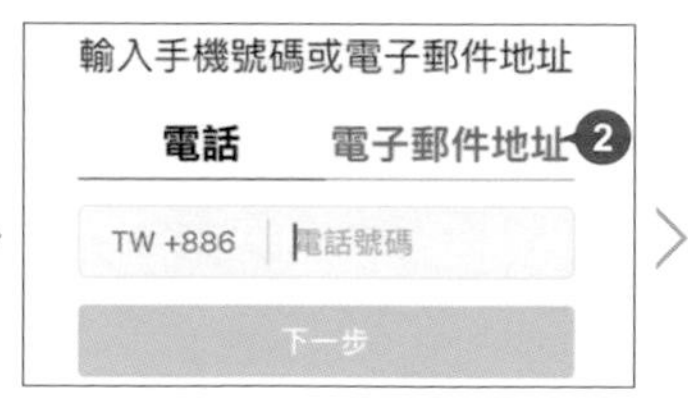

02 為你的帳號新增姓名，點選 **下一步**，輸入密碼後點選 **下一步**，接著設定出生日期，再點選 **下一步**。

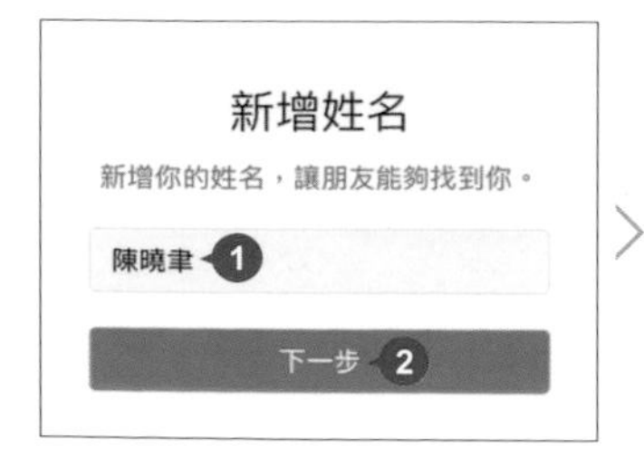

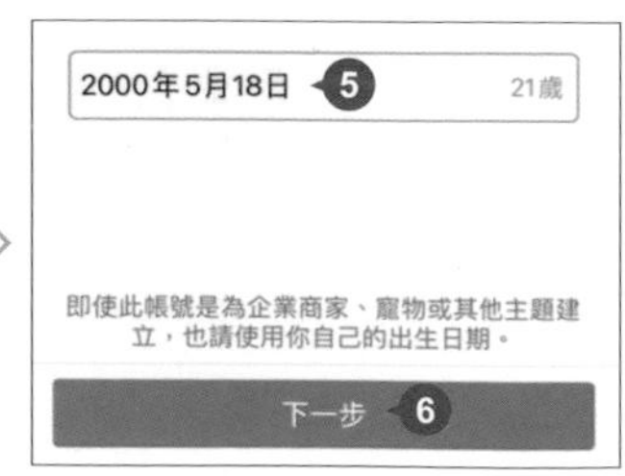

03 預設會幫你取一個用戶名稱，不過還是建議為自己的帳號取一個合適的名稱 (取名的重點可參考 P1-13)，點選 **變更用戶名稱** 輸入名稱後，點選 **下一步**。在尋找 Facebook 朋友、尋找聯絡人和新增大頭貼照部分在此先點選 **略過**。

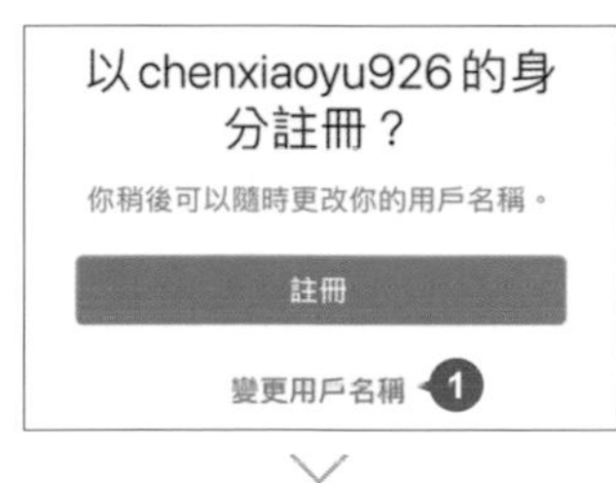

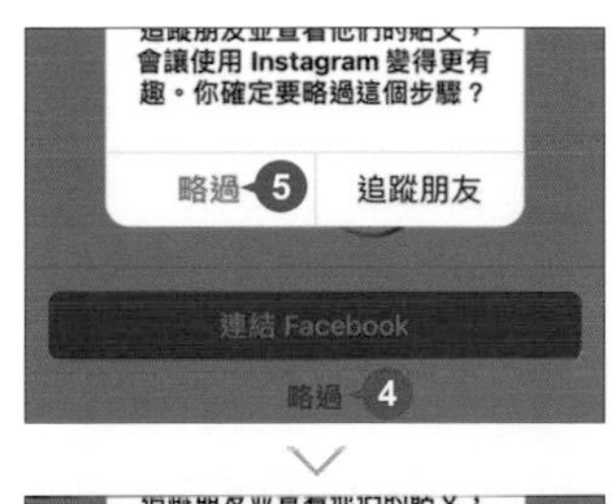

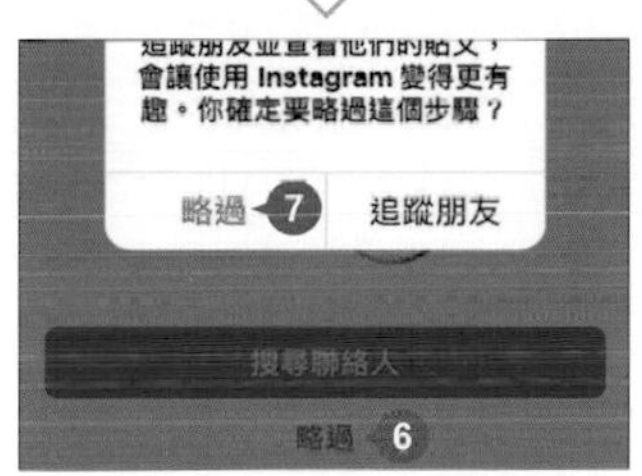

04 完成帳號註冊後，點選 **下一步** (或 →)，再點選 **允許存取**，會進到 Instagram 主畫面。

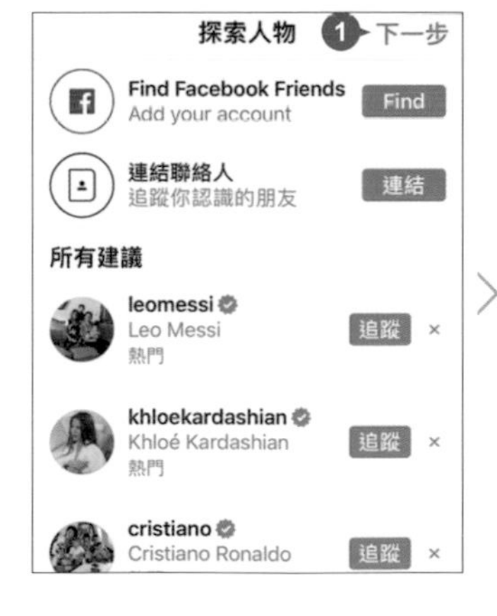

(如果選擇使用手機號碼，在輸入手機號碼後，點選 **下一步**，手機將會收到驗證碼簡訊，再輸入驗證碼，點選 **下一步**，並依步驟完成操作。)

使用 Facebook 帳號登入

如果想使用你的 Facebook 帳號登入 Instagram，可依以下操作方式。

01 在同一個設備已登入 Facebook App 的使用者，開啟 Instagram 時，會偵測 Facebook 帳號的狀態，只要點選 **繼續使用 (帳號名) 帳號** 即可登入；若沒有使用 Facebook App，只要於登入畫面點選 **登入 \ 使用 Facebook 帳號登入**，再輸入帳號密碼、授權使用權限即可。

02 使用 Facebook 帳號登入後，點選 **是的，啟用互聯體驗** (或 **是，設定帳號管理中心**)，接著點選 **註冊** (或 **下一步**)，再點選 **同步個人檔案資料**。

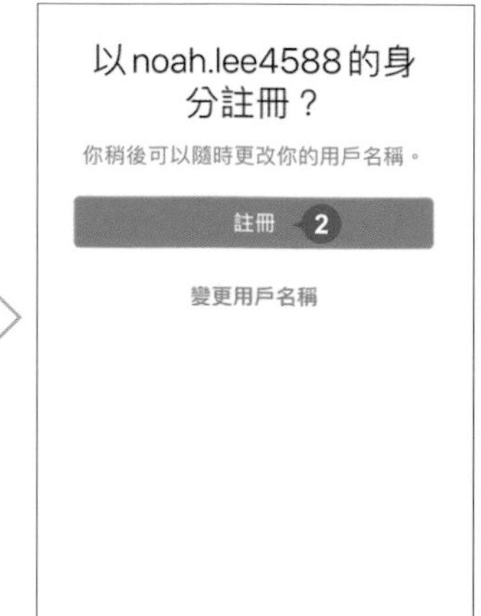

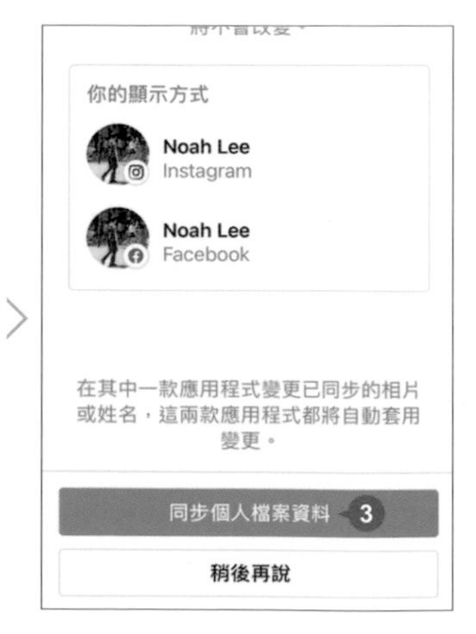

03 於尋找聯絡人部分此處先點選二次 **略過**。點選 **記住** 儲存登入資料，再點選 **下一步**。

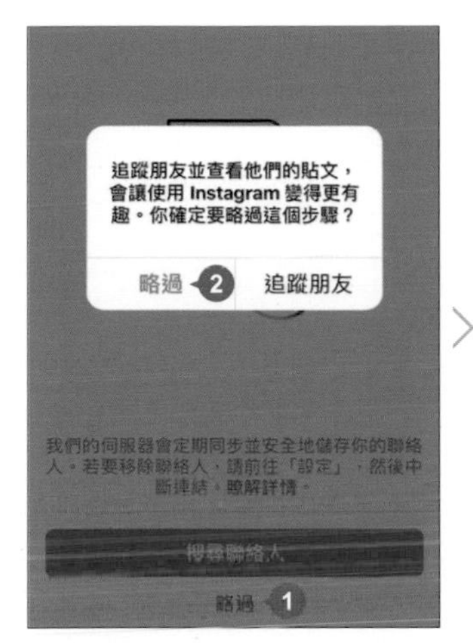

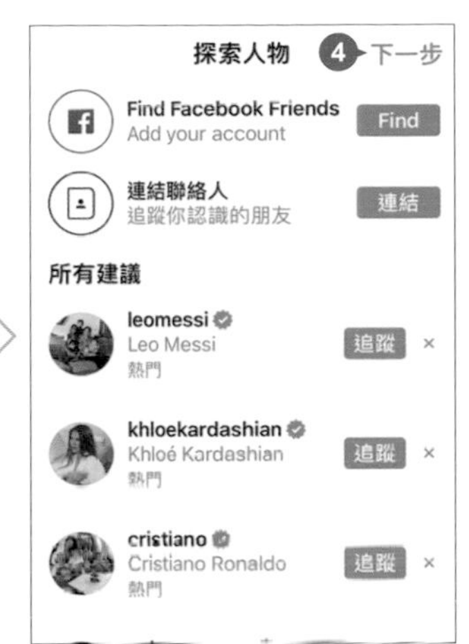

04 點選 **開啟 \ 允許** 開啟傳送通知，最後要存取聯絡人名單的部分，可以視個人情況點選 **允許存取** 或 **稍後再說**，再點選 **不允許** 或 **好**，這樣即完成登入 Instagram 並進入主畫面。

更換大頭貼與詳細的個人簡介

想要讓朋友與粉絲一眼認出你，首先從優化大頭貼照及個人簡介開始，量身打造個人檔案。

更換大頭貼照

01 於 👤 畫面點選 **編輯個人檔案 \ 更換大頭貼照**，點選相片來源。(建議可以先用其他美顏 App 拍出好看的自拍照後，再點選 **從圖庫選擇** (或 **新的大頭貼照**)。)

02 初次使用會出現相片取用權限的要求，點選 **好**。

03 於畫面下方點選要使用的相片，接著在圓形區域中使用二指縮放或移動相片位置，至合適位置與大小後，點選 **完成** (或 →)。

輸入個人的詳細簡介

01 接續前面的 **編輯個人檔案** 畫面，點選 **網站** 欄位輸入你的個人網站網址，接著點選 **個人簡介** 欄位輸入相關介紹 (輸入過程中可參考右下角數字，了解目前還有多少字數可以輸入，可善用 # 或 @ 來標註主題標籤或帳號。)，完成後點選 **完成** (或 ✓)。

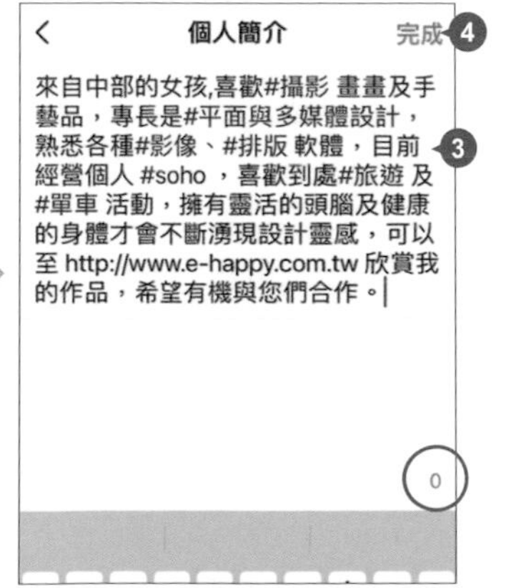

02 如果未來想要經營專業帳號，希望粉絲可以用電話與你連繫，可點選 **個人資料設定**，再點選 **手機號碼** (或 **電話號碼**) 欄位，輸入號碼後點選 **下一步**，將會收到一封確認碼的簡訊，輸入確認碼後點選 **完成**。(個人帳號將不會顯示個人資訊)

03 最後點選 **性別** 欄位，完成設定後，回到個人檔案畫面，可查看完整的內容。(之後切換成專業帳號，在簡介下方才會出現電子郵件或是電話號碼...等相關資訊，可參考 P7-19 說明。)

Instrgram 用戶名稱命名技巧

在 Instagram 取名很重要，只要把握簡單、好辨識、易搜尋這三個關鍵，就容易讓其他用戶搜尋到你並追蹤。

▶ 用戶名稱：Instagram 在建立帳號之後，預設會使用你註冊的 E-mail 帳號為 "用戶名稱" (限英文，且不可與其他用戶相同。)，所以當有粉絲想在 Instagram 追蹤你時，使用 "用戶名稱" 搜尋就能精準的找到。

▶ 姓名：註冊過程中所取的 "姓名" (中、英文皆可，且可與其他人重複。)，會顯示在個人檔案畫面簡介上。

取一個好記、好搜尋，或是符合你個人屬性的名稱是重要的，如果想變更名稱可依以下方式操作：

於 畫面點選**編輯個人檔案**。

02 點選 **姓名** 欄位輸入新的姓名，點選 **用戶名稱** 欄位輸入新的用戶名稱，二個欄位設定過程中分別點選 **完成** (或 ✓) 結束設定。

用戶名稱的取名小技巧！

用戶名稱不能使用中文，只能使用英母字母、數字、底線和句點；如果取名與他人相同，還會提示你此用戶名稱無法使用，並請你重新輸入其他用戶名稱，直到不重複為止。

不公開帳號需同意才可以追蹤

將帳號設定為 **不公開帳號**，可保護個人隱私，不僅用戶追蹤需經你的同意，貼文內容也只允許粉絲看得到。

01 於 畫面點選 ☰ \ **設定**，再點選 **隱私設定**。

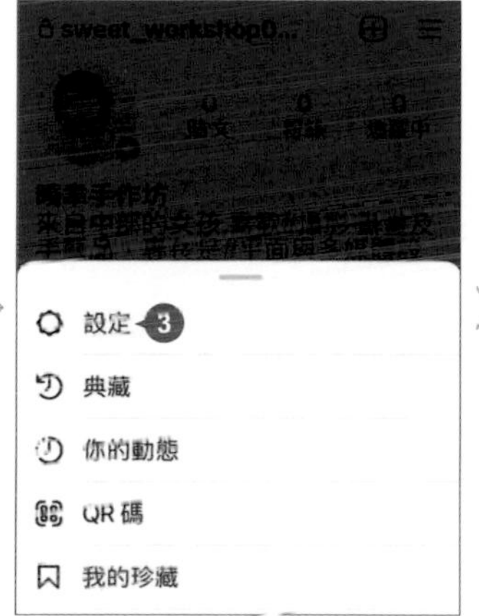

02 帳號預設 **不公開帳號** 是關閉的，如果想過濾追蹤你的粉絲，只要點選 呈 狀開啟，再點選 **切換為不公開帳號**，之後非粉絲用戶瀏覽你的檔案時會看到 "此帳號不公開"，當他們點選 **追蹤** 送出請求，經過你的同意後才可以追蹤。

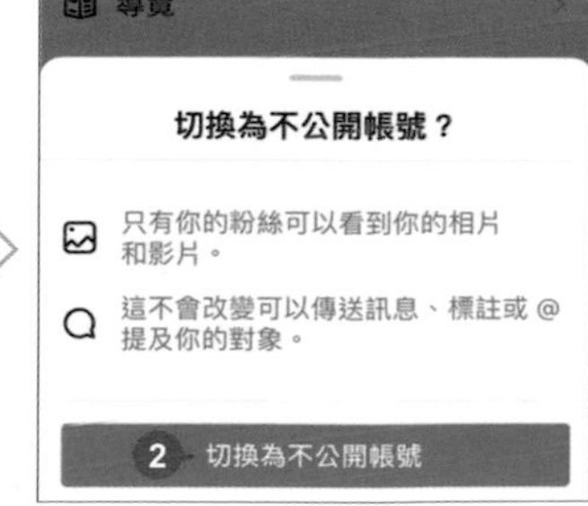

探索 Instagram 全球用戶

Instagram 會貼心的為你推薦世界各地熱門的用戶，讓你更容易找到自己喜愛的人物、地標和主題進行追蹤。

Instagram 為你推薦

於畫面下方點選 Q 進入探索主畫面，會看到 Instagram 為你推薦的相片、影片，主要是依你已追蹤或喜愛的類型來推薦，可用手指向上滑動觀看更多。

點選喜歡的相片、影片，就可以顯示該則貼文，如果喜歡，點選 **追蹤** 即可開始追蹤這個 Instagram 帳號。(可點選上方 < 回到上一頁，或是繼續向上滑動觀看同類型的用戶。)

依熱門地標貼文探索

於探索主畫面點選 開啟地圖，利用地圖探索。用手指縮放地圖至想要探索的範圍，再點選 **搜尋這個地區**，地圖中會顯示熱門地標貼文，或是在畫面下方點選或輸入關鍵字搜尋，會出現更精準的項目，向上滑動清單顯示更多內容，點選欲瀏覽的圖片。(目前探索地圖熱門貼文尚未全面普及，部分帳號可能還無法使用，待官方全面開放後，即可取得此功能。)

追蹤名人

許多知名藝人或網紅都有使用 Instagram，可以透過探索功能來找到這些人，於探索主畫面上方的 **搜尋** 欄位，輸入要找的名人名稱 (最好能使用 "用戶名稱" 搜尋最準確)，找到後再點選 **追蹤**。

追蹤好友

當你的朋友也有 Instagram 帳號，就可以互相追蹤，關心彼此的日常生活點滴。

尋找 Facebook 朋友

可以在 Instagram 尋找 Facebook 上的朋友，並選擇是否追蹤他們。

01 於 畫面點選 ☰ \ **探索人物**，再點選 **連結 Facebook** 右側的 **連結**。(若沒 Facebook 表示你已允許連結動作)

02 如果手機已安裝並登入 Facebook App，在帳號管理中心會顯示欲連結的 Facebook 帳號，點選 **繼續**。(如果沒有安裝 Facebook App，可點選 **繼續** 後，再依指示完成登入。)

03 接著點選 **確定**，再點選 **是，完成設定**，完成與 Facebook 聯絡人的連結。這樣在 **所有建議** 清單中就會顯示你 Facebook 好友。

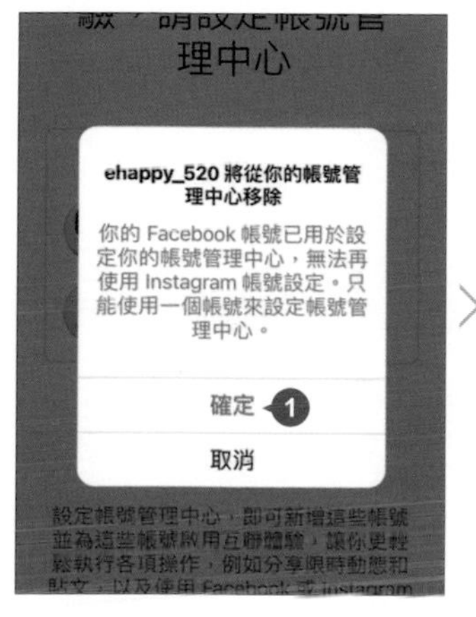

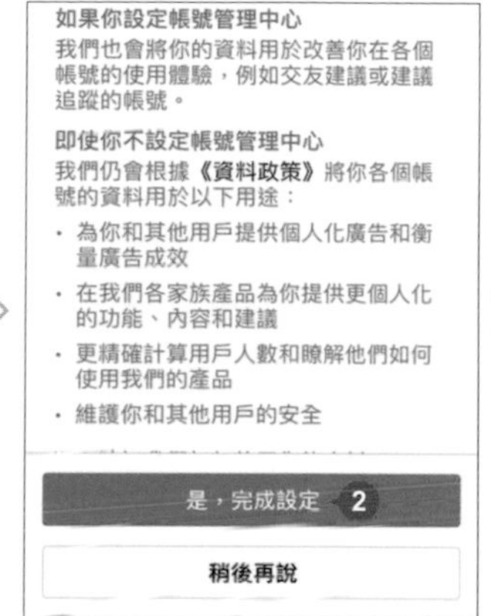

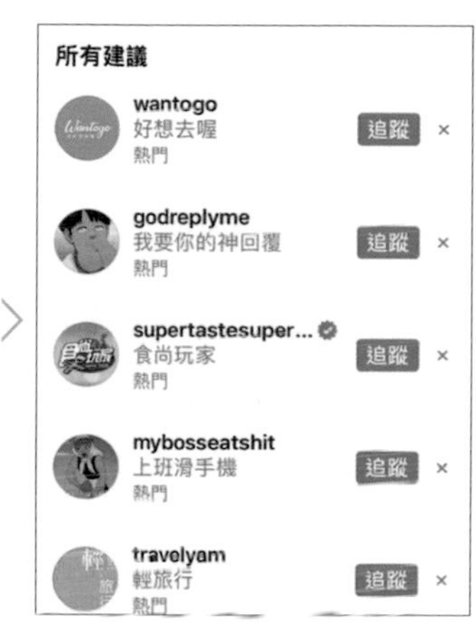

連結聯絡人

如果好友是使用手機號碼註冊 Instagram，就可以連結聯絡人資料自動搜尋到他們的帳號。於 畫面點選 \ 探索人物，點選 **連結聯絡人** 右側的 **連結**，再點選 **允許存取**，就可以看到你的聯絡人中有使用 Instagram 的帳號，點選 **追蹤** 就可以追蹤他們。

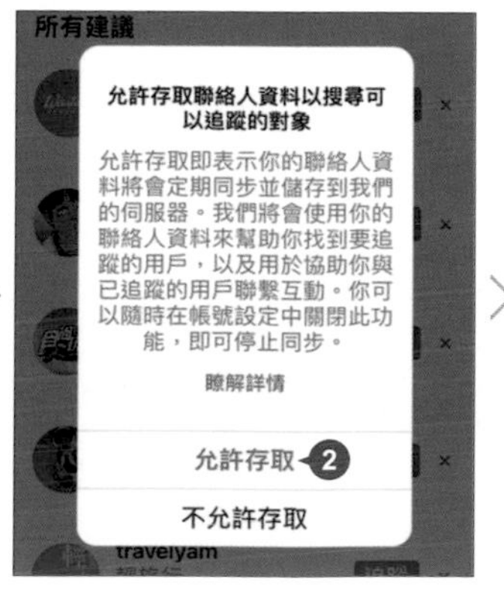

我的摯友名單

貼文、限時動態內容只想與最好的朋友們分享，可將這些朋友加入摯友名單。

建立摯友名單

於 畫面點選 ☰ \ 摯友，初次建立請點選 **開始建立** (或 **立即開始**)，在要加入的朋友名稱右側點選 **新增**，再點選 **完成** (或 ←)，可看見已加入摯友名單的人數。(第一次設定出現 **建立名單**，點選後會進入建立限時動態狀態，如果不需要可於左上角點選 ✕ 回到主畫面。)

管理摯友名單

於 畫面點選 ☰ \ 摯友，在摯友清單中名稱右側點選 **移除** 即可移除該位摯友。(加入或移除摯友不會通知對方)

Instagram 名牌

"Instagram 名牌" 是屬於你個人帳號的數位名片 (Nametag)，可利用名牌為你快速新增粉絲。

顯示個人名牌

跟三五好友們或是粉絲聚會時，只要秀出你的 Instagram 名牌，直接透過掃描的方式，快速追蹤你的帳號。

於 畫面點選\ \ **QR 碼**，會顯示個人的名牌，名牌的樣式有二種，分別是 **表情符號**、**自拍** 及 **顏色**，點選畫面上方的文字框即可切換。

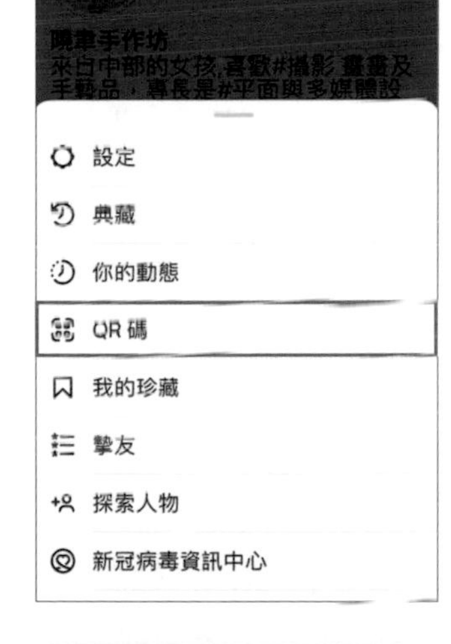

- **表情符號**：中間會顯示你的用戶名稱，背景圖會舖滿表情符號，點一下背景並搜尋後，可指定不同的表情符號。

▶ **自拍**：一開始會要求先自拍照，再搭配一個可愛圖示 (可點選切換)，完成後回到畫面，中間會顯示你的用戶名稱，背景則是剛剛拍好的自拍大頭貼。

▶ **顏色**：中間會顯示你的用戶名稱，背景則是漸層色彩，點選背景可以切換，共有 5 種不同的漸層色彩。

掃描名牌快速追蹤對方

如果想追蹤新朋友，只要請他秀出名牌讓你掃一下就可以快速追蹤。

於 畫面點選 \ **QR 碼** 顯示個人名牌，再點選 **掃描 QR 碼** 開啟相機模式，請新朋友開啟他的名牌，接著用相機中間的方框對準對方的 QR 碼，就會顯示掃描結果並自動追蹤，點選 **查看個人檔案** 即可開啟對方的個人頁面。

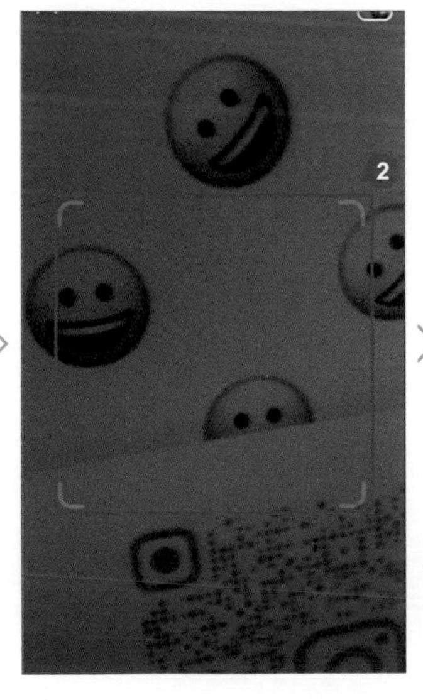

雙重驗證保護帳號安全

雙重驗證是目前很多社群、網站在帳號登入時最常使用的方式，可提升並保護個人帳號安全性。

01 於 畫面點選 \ **設定**，再點選 **帳號安全** \ **雙重驗證**。

02 點選 **開始使用**，再點選要驗證的方式 (此處點選 **簡訊** 由 呈 狀)，接著會收到一封驗證碼的簡訊，輸入後點選 **下一步**。

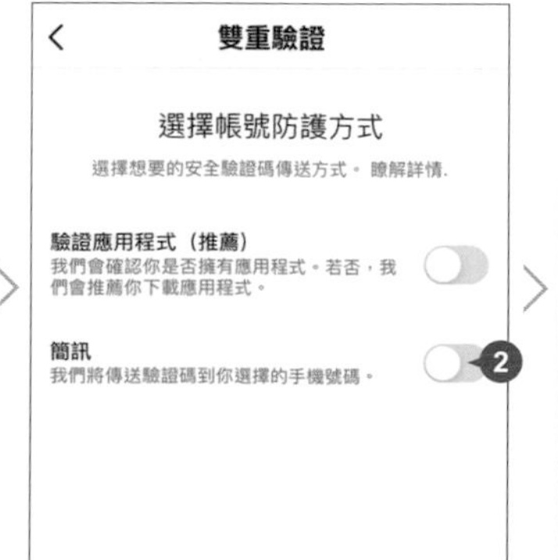

03 驗證碼無誤後，即會啟用雙重驗證，點選 **下一步**，再點選 **完成**。如果身處在無法接收簡訊驗證的場所時，可點選 **雙重驗證 \ 其他方式 \ 備用驗證碼**，輸入其中一組復原碼即可登入 (每組限用一次)。

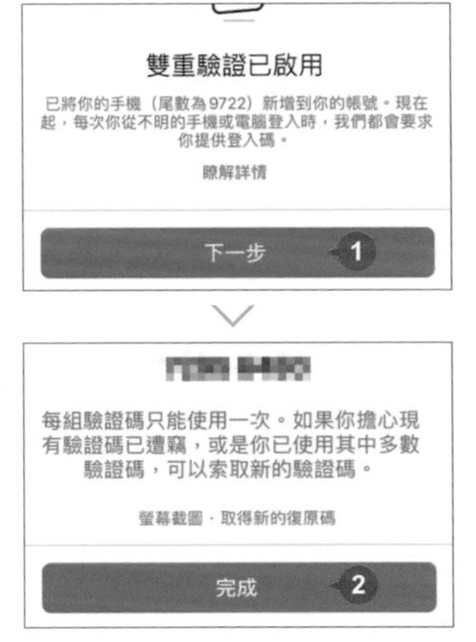

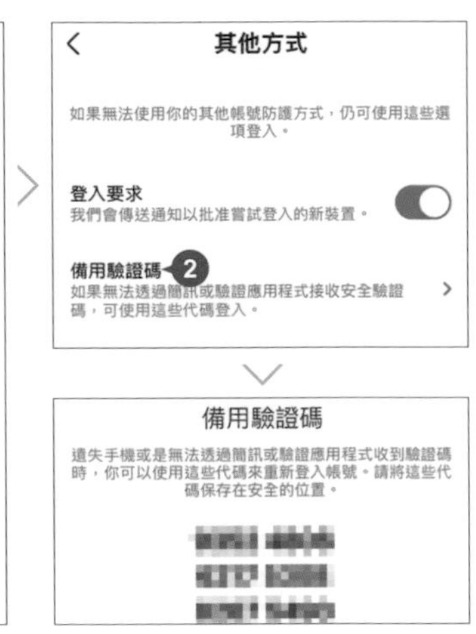

你也可以有藍勾勾

Instagram 早期只有知名人物或品牌才能擁有藍勾勾，現在為了杜絕假帳號的泛濫，開放一般人也可以申請藍勾勾。

01 於 畫面點選 \ **設定**，再點選 **帳號 \ 申請驗證**。

02 點選 **全名** 欄位輸入你正式名字 (身份證上)，再點選 **又名** 輸入暱稱或其他名字，接著點選 **類別** 右側 ▼，選擇適合你的屬性，再點選 **完成**。

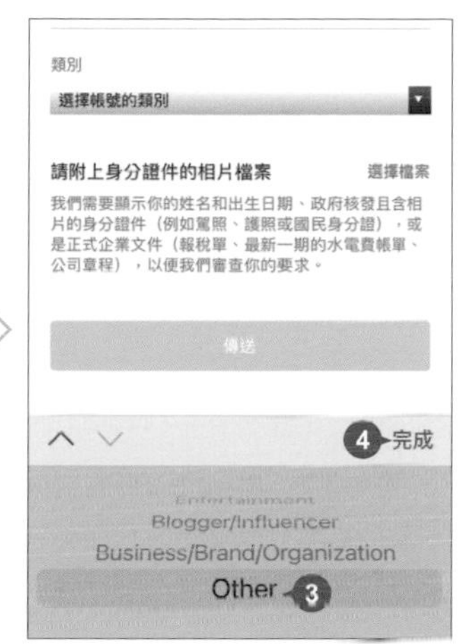

03 點選 **選擇檔案**，在此點選 **拍照**，對準證件拍好後點選 **使用照片**，最後點選 **傳送** 完成。(如果申請通過，用戶名稱右側即會出現 圖示；若申請被拒絕，可在 30 日後再次提出申請。)

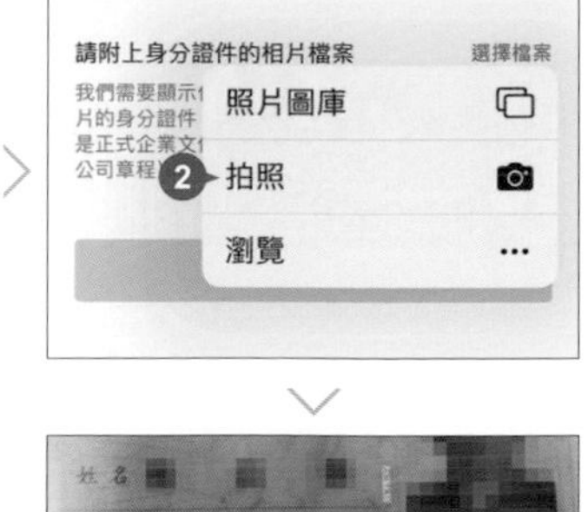

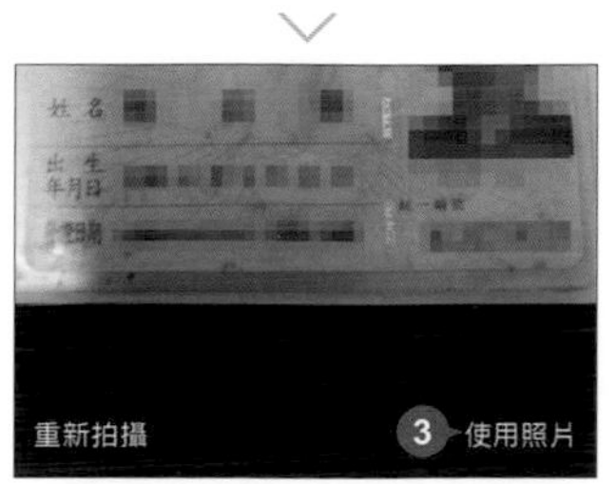

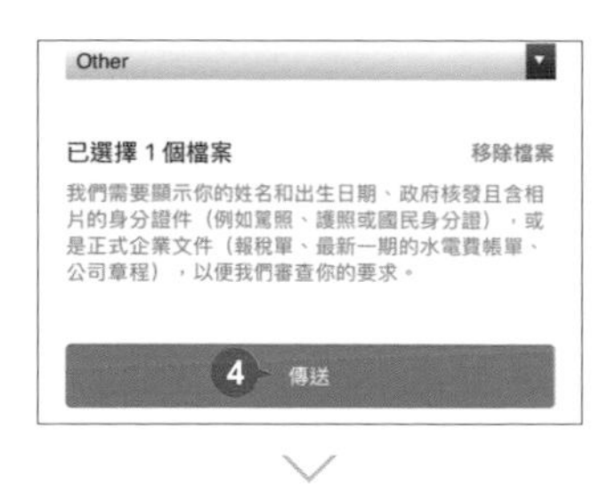

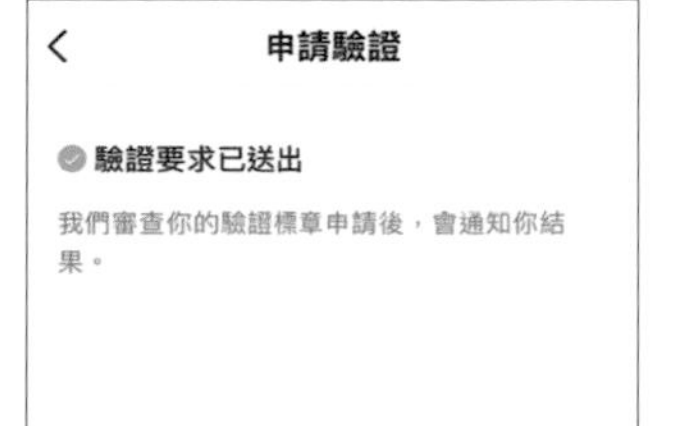

移除假帳號的粉絲

許多人深受假帳號困擾，常收到廣告與推銷，該如何管理與移除追蹤你的粉絲呢？

如果想杜絕這樣的問題，可以先將帳號設定為不公開 (可參考 P1-15 操作說明)，再依下列操作移除奇怪的帳號。

於 畫面點選 **粉絲**。

02 於 **粉絲** 中要移除的粉絲用戶名稱右側點選 **移除**，再點選 **移除** 即可將該名粉絲移除。(粉絲不會知道被移除)

暫停或是刪除 Instagram 帳號

有隱私疑慮或是覺得 Instagram 讓你分心太忙碌，可以考量暫停或是刪除 Instagram 帳號。

目前尚無法在行動裝置中暫停或是刪除帳號，必須使用電腦開啟瀏覽器並登入 Instagram 帳號後才可以。

暫停帳號

暫停帳號會將你的檔案資料、相片、影片、留言、按讚...等暫時隱藏起來，直到你重新登入啟用帳號為止 (一週只能暫停帳號一次)。開啟瀏覽器後，在網址列輸入「https://www.instagram.com/accounts/remove/request/temporary」連結至 **暫時停用帳號** 畫面，於 **為什麼想要停用帳號？** 選按合適的理由，並於下方輸入 Instagram 密碼，最後選按 **暫時停用帳號 \ 是** (完成後就會登出 Instagram 帳號)。

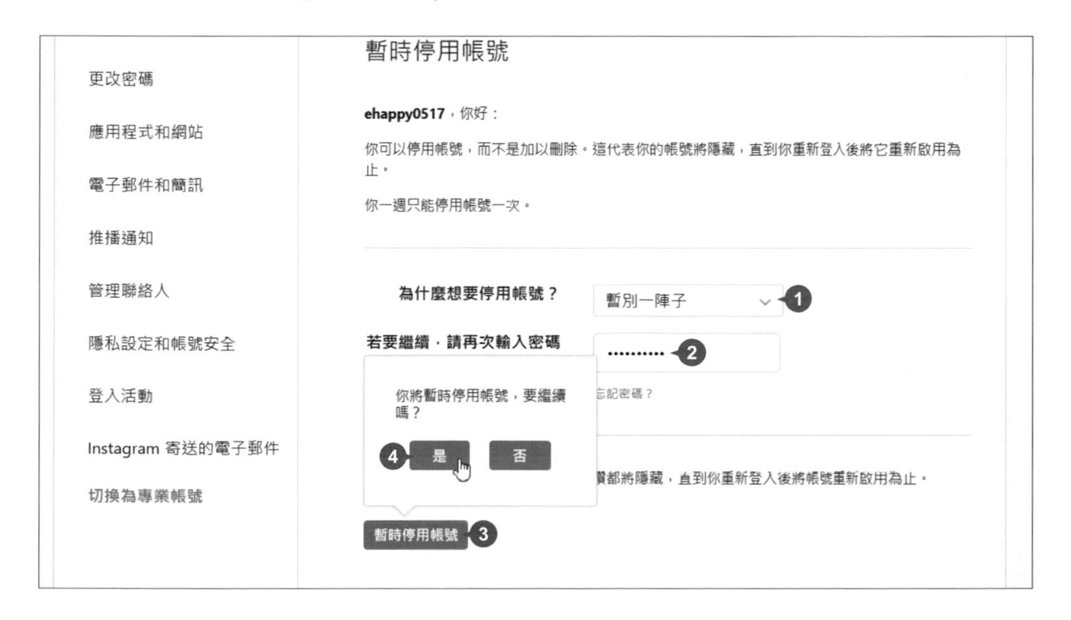

刪除帳號

刪除帳號後，只要沒有其他用戶使用該名稱，之後還可以使用相同的用戶名稱註冊。但如果因為違反社群守則而被刪除帳號者，該用戶名稱將無法重新註冊。

開啟瀏覽器後，在網址列輸入「https://www.instagram.com/accounts/remove/request/permanent/」連結至 **刪除帳號** 畫面，於 **你為什麼想刪除(你的帳號名稱)？** 選按你的理由，並於下方輸入 Instagram 密碼，最後選按 **刪除 (你的帳號名稱)**，再選按 **確定**。

Part

02

開始經營你的 Instagram

在 Instagram 上傳相片、影片，加上吸引人的文字、標籤、標示朋友及地點...等詳細資料，讓貼文更容易被搜尋看到，提升你在社群發文的感染力！

上傳單張相片貼文

Instagram 可以選擇直接拍照或上傳已拍好的相片，再進一步編輯及套用濾鏡。

拍照取景

看到想分享的事物可立即拍照上傳貼文。點選 ⊕ \ 📷 \ **貼文** (或 **發佈**)，接著點一下相片中的對焦位置，再點選 ○ 拍照。

套用濾鏡

相片拍攝完成，可以套用各種濾鏡美化相片。

於 **濾鏡** 向左或向右滑動點選合適濾鏡套用。

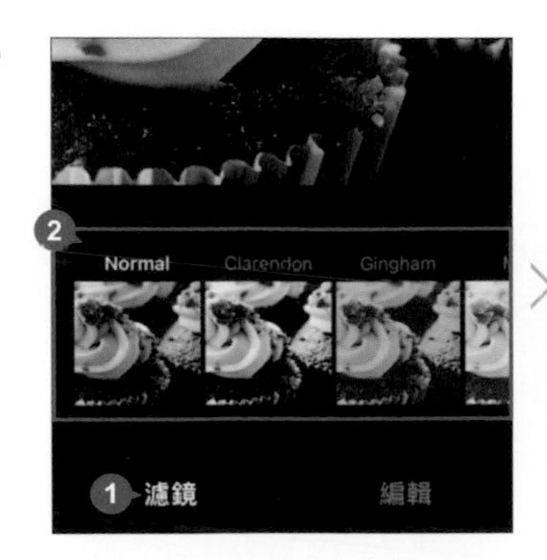

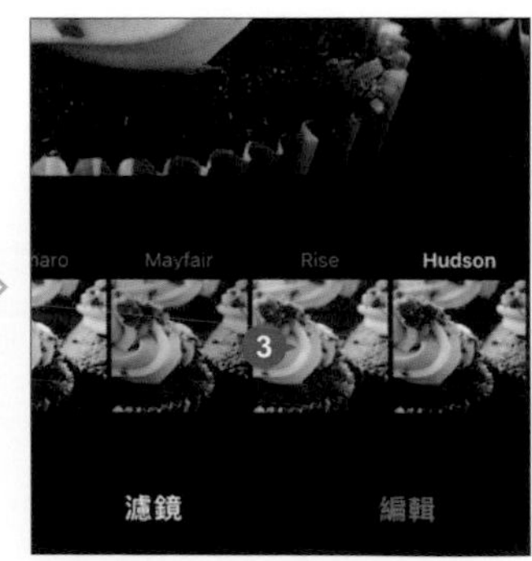

調整相片角度、亮度、顏色

套用完濾鏡，還可以調整相片偏斜或對比、色調...等細節。

01 於相片編輯畫面，點選 **編輯** \ 調整，在調整列上向左或向右滑動可以調整相片角度，確認後點選 **完成**。

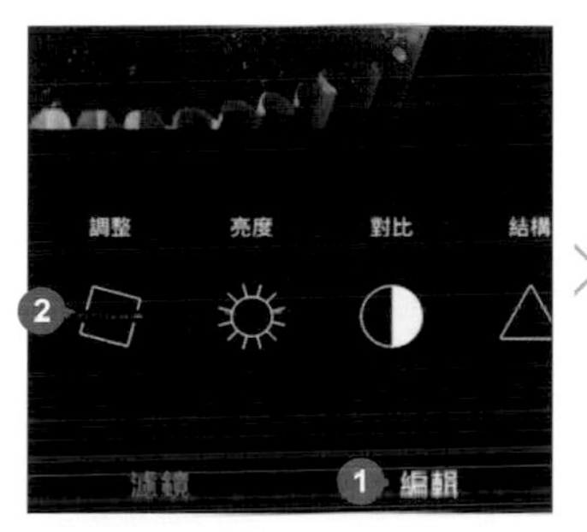

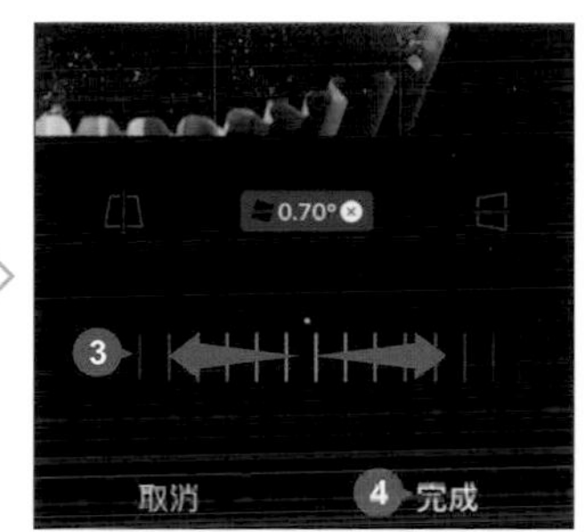

02 點選 **亮度**，拖曳控制點向右移動加亮相片 (向左移動則變暗)，確認後點選 **完成**。

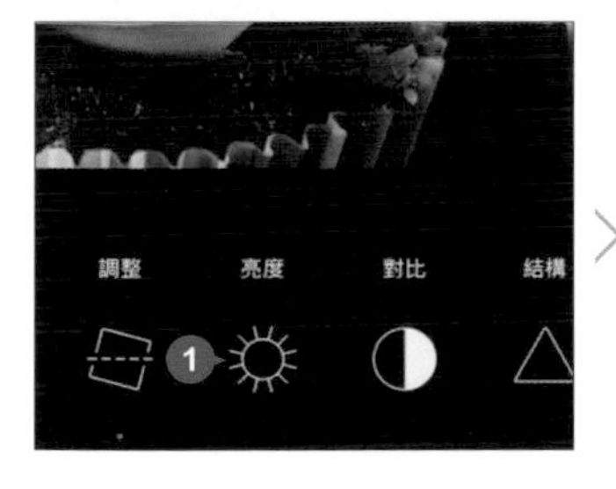

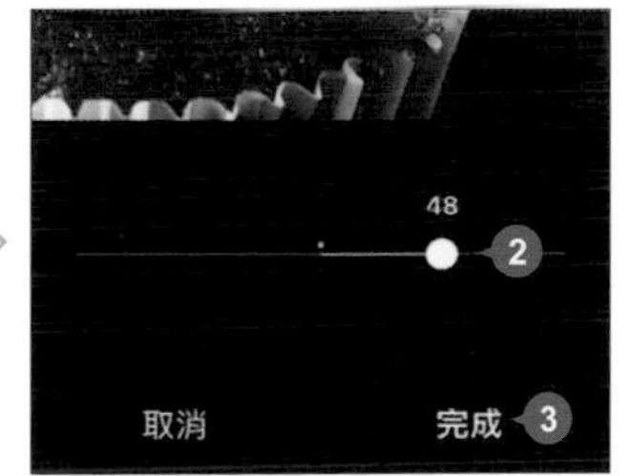

03 依相同操作方式，可以針對 **對比**、**結構** 或 **暖色調節**...等，調整出最合適的相片風格，完成後於畫面上方點選 **下一步**。

04 輸入相片的說明文字後，點選 **分享** 可以將這張相片上傳至 Instagram。

從圖庫上傳相片

已存在手機裡的相片經過調整後，也可以上傳至 Instagram。

01 點選 ⊞，於畫面下方點選要上傳的相片(點選 **最近項目** 或 **圖庫**，可以選擇相簿)，再點選 **下一步**。

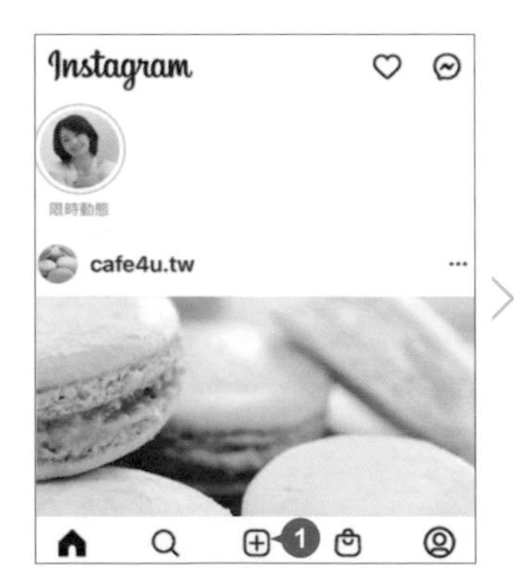

02 套用濾鏡及編輯相片後，點選 **下一步**，再輸入說明文字，點選 **分享**。

吸睛的貼文與 hashtag (#)

一則吸引人的貼文，除了好看的相片，還可以利用說明文字、可愛貼圖與 hashtag (主題標籤) 讓貼文被更多人看到。

增加小圖示

相片說明中加上能表現喜怒哀樂的可愛貼圖，讓貼文更活潑有趣。

輸入貼文說明文字時，將手機鍵盤切換到表情符號 (依各家手機操作有所不同)，再點選合適的符號貼圖加入。

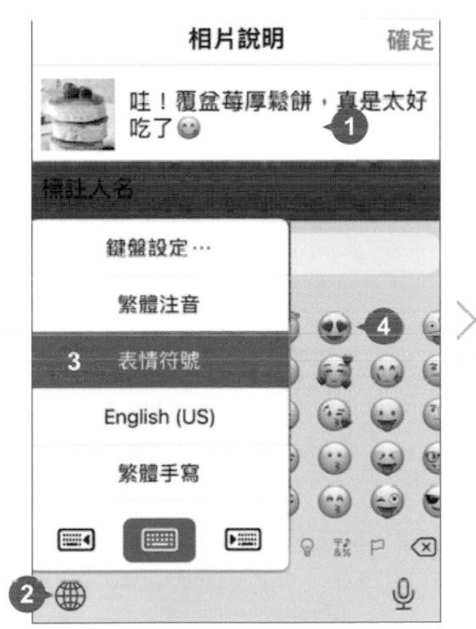

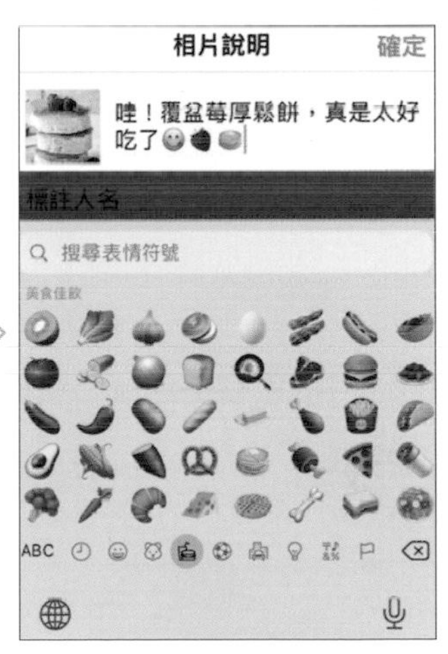

增加 hashtag

貼文說明中加入 hashtag，能讓相關主題串聯在一起，讓更多人看到。

如果要加入 hashtag，可以在關鍵字前加上「#」，再於下方清單中，點選合適的 hashtag。

(詳細說明與用法可參考 Part03)

標註人名或地點

貼文中標註朋友或是相關帳號、地點，除了可以豐富貼文內容，還可以讓粉絲從中快速取得更多訊息。

標註人名

相片中標註朋友，被標註的朋友也可以收到這則貼文的通知。

於 **新貼文** 畫面點選 **標註人名**，先點選相片，再於 🔍 欄位輸入要標註的用戶名稱，接著於清單中點選正確的用戶名稱，拖曳移動標籤到合適的位置，最後點選 **完成**。

如果想標註多個帳號，在點選 **完成** 前，可以再點一下相片任一處，重複相同操作方式。如果要刪除已標註的用戶名稱，可以點選已標註的標籤，再點選右側 ✕ 即可刪除。

標註地點

於貼文中標註地點，除了可以讓朋友知道拍攝地點，若有人搜尋該地點也會出現你的貼文。

於 **新貼文** 畫面點選 **新增地點**，在 🔍 輸入要標註的地點，清單中點選正確的地點完成標註。

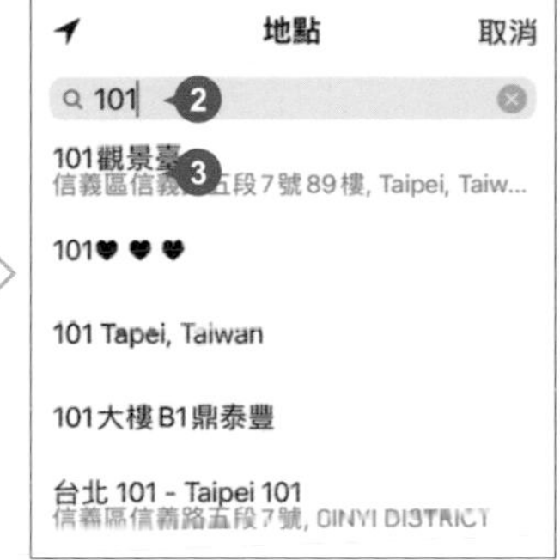

小提示

如何在已上傳貼文標註人名與地點？

想在已上傳的貼文再標註人名、地點，可點選貼文右上角 ⋯ \ **編輯**，再點選 **標註人名**、**新增地點** 新增標註。

上傳的相片不縮放、不裁切

Instagram 相片除了預設以正方形比例呈現，也可以讓相片維持原始的比例完整顯示。

點選 ⊞，點選要上傳的長方形相片，再點選相片下方 ⌞⌝，會將相片原始比例呈現，最後依照貼文流程完成上傳。

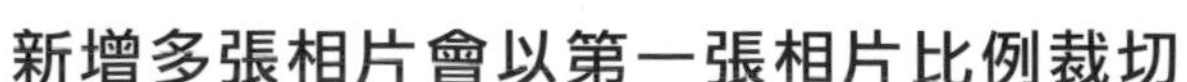

新增多張相片會以第一張相片比例裁切

當上傳多張相片 (操作方式可參考 Tips18) 為不同比例時，會以第一張相片的比例為主，而且需要於單張模式先選好比例，再進入多張模式，若第一張相片為橫式 (16:9) 顯示，其他張相片都會裁切為相同比例。

一次上傳多張相片或影片

Instagram 最多可一次上傳 10 張相片或影片 (以下用相片為例)，將貼文相關相片一起上傳，讓粉絲方便觀看。

01 點選 ⊞，點選第一張相片，再點選 ◻，依序點選要上傳的相片，最後點選 **下一步**。

02 點選合適的濾鏡套用 (會套用至全部相片)；或點選任一張相片進入單張編輯畫面，完成編輯後點選 **完成**。

03 全部編輯完成後，點選 **下一步**，輸入相片說明與相關標註，再點選 **分享**。

貼文相片底下有 ••• (點數代表相片張數)，只要向左或向右滑動，可以瀏覽更多相片。

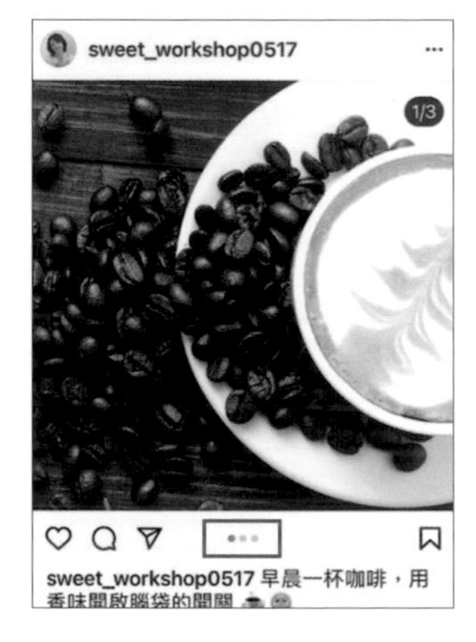

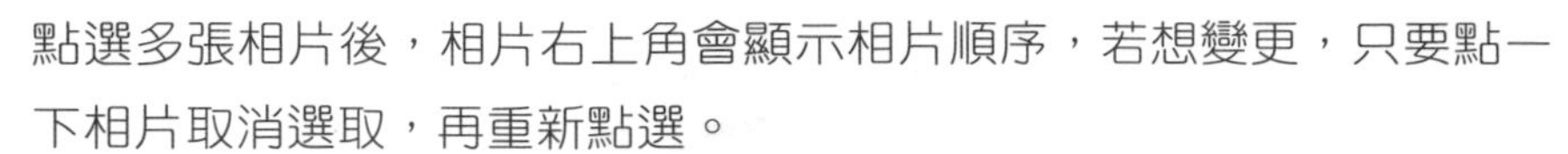

小提示

如何變更相片顯示順序？

點選多張相片後，相片右上角會顯示相片順序，若想變更，只要點一下相片取消選取，再重新點選。

影片即拍即傳

Instagram 除了基本的相片貼文，也可以使用內建的錄影功能拍攝影片，套用濾鏡或簡易編輯後上傳。

拍攝影片

點選 ⊕ \ 📷，開啟拍照功能，可以點選 🔄 切換前後鏡頭。

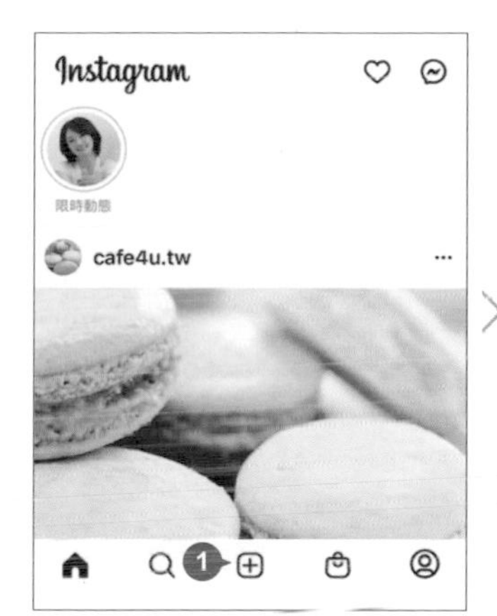

02

點選要對焦的位置，接著點住 ○ 不放開始錄影，放開 ○ 會停止錄影。(上限為60 秒)

套用濾鏡並預覽影片

於 **濾鏡** 向左或向右滑動，點選合適的濾鏡套用。點選影片可預覽播放，再點一下會暫停播放。

影片靜音

於編輯畫面點選 🔊 呈 🔇 為靜音。(再點選 🔇 呈 🔊 可恢復聲音)

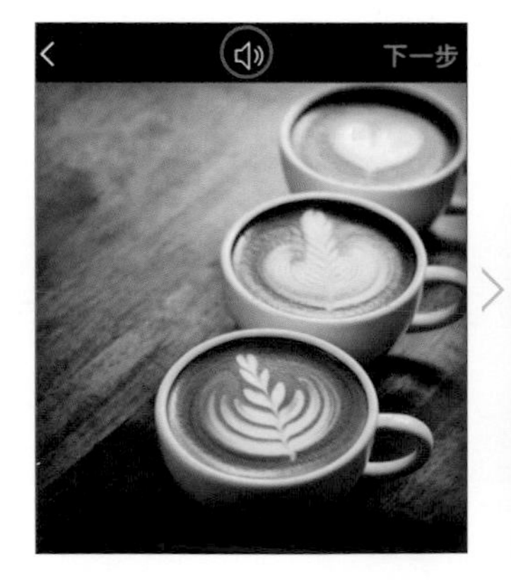

修剪影片長度

點選 **修剪**，點住左側控點往右可以修剪開始時間，點住右側控點往左可以修剪結束時間，點住時會顯示目前編輯時間點。

設定影片封面

點選 **封面**，向左或向右滑動縮圖，指定合適的畫面成為封面，點選 **下一步**，完成貼文說明後，點選 **分享** 上傳。

上傳短篇影片

從圖庫選取拍攝好的影片，如同前面的說明，套用濾鏡並裁剪影片長度再分享，此處示範一分鐘以內的影片上傳方式，若要上傳一分鐘以上的影片請參考下頁說明。

01 點選 ⊞，選擇 **影片**，再點選要上傳的影片 (此處示範片長為 3~60 秒)，點選 **下一步**。

02 點選影片可預覽播放，再點一下會暫停播放。於 **濾鏡** 向左或向右滑動，點選合適的濾鏡套用 (後續修剪影片長度、指定封面可參考 P2-13 操作說明)，最後點選 **下一步**，完成貼文說明後，點選 **分享** 上傳。

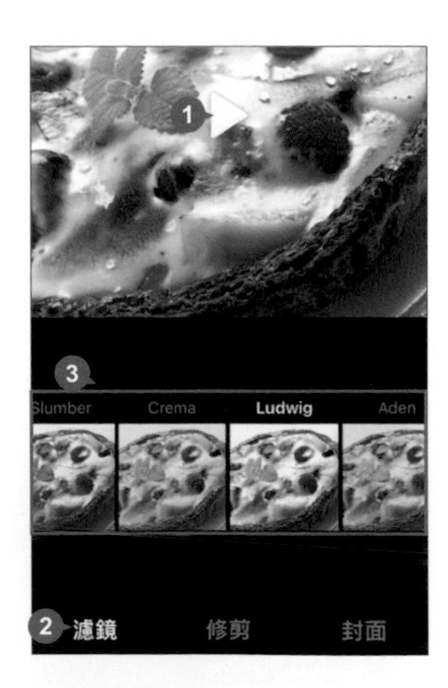

上傳超過一分鐘的影片

當上傳的影片超過一分鐘，Instagram 會請你選擇以 **短篇影片** (一分鐘片段) 或 **長篇影片** 的方式呈現，如果希望完整分享影片內容，就要選擇 **長篇影片**。

01 點選 ⊕，選擇 **影片**，再點選要上傳的影片 (片長為 60秒~15分鐘)，點選 **下一步**，點選 **長篇影片**，再點選 **繼續**。

02 點選 **下一步**，輸入標題與內容後點選 **發佈** (相關 IGTV 上傳設定可參考 Part05 操作說明)。上傳完成後 IG 貼文會有 15 秒的影片預覽，點選左下角 ⊙ 可觀賞完整影片。

編輯與刪除已上傳的貼文

貼文發佈後發現不合宜的內容或是發錯了，都可以透過編輯功能調整內容或刪除貼文。

編輯貼文

於已發佈的貼文點選 ⋯ \ **編輯**，可以再次編輯文字、標註人名或新增地點，完成後點選 **完成**。

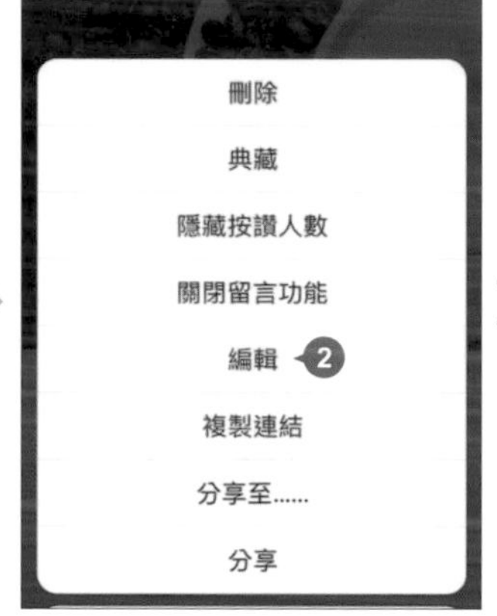

刪除貼文

於已發佈的貼文點選 ⋯ \ **刪除**，再點選 **刪除** 確認刪除貼文。

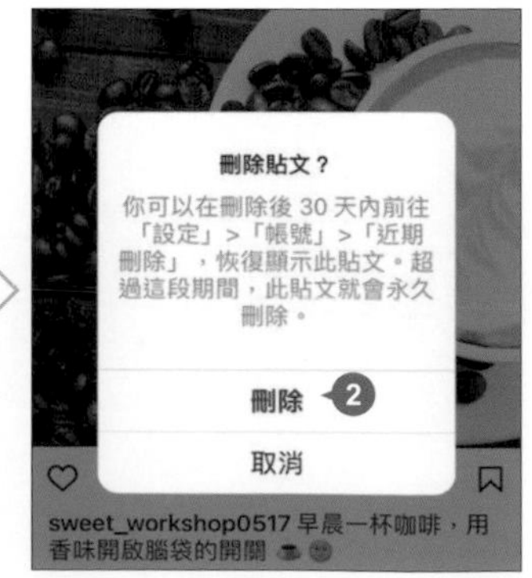

找回 30 天內刪除的貼文

不小心刪除貼文，30 天內還可以救回來。

01 於 畫面點選 \ **設定** \ **帳號** \ **近期刪除**。

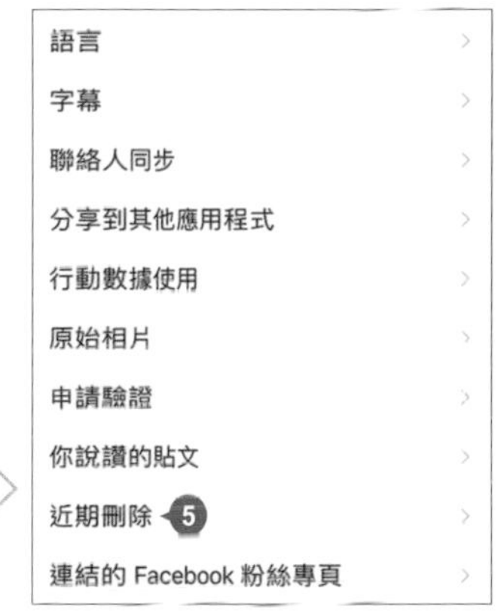

02 點選 可以看到已刪除的貼文，貼文左下角會顯示可恢復的剩餘天數，如果剛才刪除的貼文會顯示為 30 天。點選要恢復的貼文，再點選 \ **恢復顯示**，接著確認帳號及傳送安全碼到手機，輸入安全碼後，即可恢復貼文 (若貼文在 **典藏** 刪除，會回到 **典藏**)。

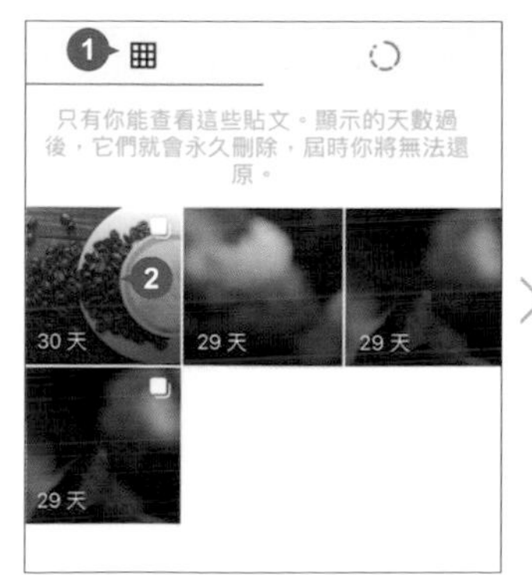

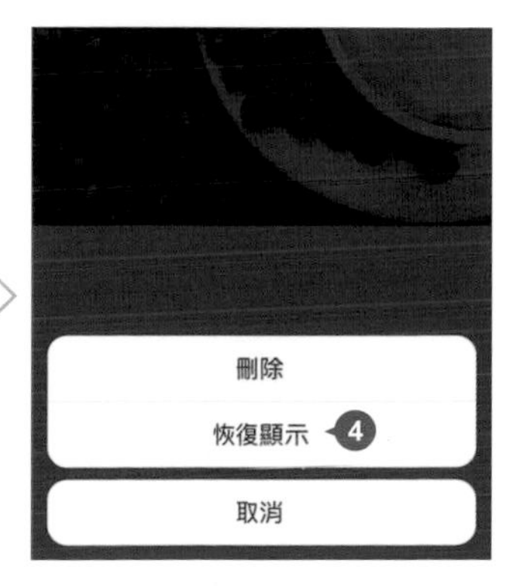

貼文點讚、取消點讚

對喜歡的貼文可以直接點 "讚"，不喜歡的貼文如果已點 "讚"，也能立刻收回。

貼文點讚

看到喜歡的貼文，可以點選 ♡，當圖示呈 ♥ 表示你已經對這則貼文點讚，對方也會收到通知。除了點選圖示，也可以直接在相片上點選二下，為貼文點讚。

取消貼文點讚

頁面滑動太快誤點了讚也能取消，只要再次點選 ♥，當圖示呈 ♡ 表示已取消對貼文的讚。

留言、回覆留言

回覆粉絲，或是在其他貼文底下留言，都可以加強與粉絲間的互動以及帳號曝光度。

在其他人的貼文留言

貼文下方點選 ◯，接著輸入留言的文字後點選 **發佈**，完成對此貼文的留言。

點讚、回覆留言

想要回覆留言時點選該留言，點選 **回覆** 輸入內容後，點選 **發佈**。也可以點選右側的 ♡ 呈 ♥ 狀表示已對這則留言點讚。

將喜歡的貼文珍藏並分類

瀏覽 Instagram 貼文時，看到喜歡的可以加入珍藏，還可以分類管理珍藏的貼文。

Instagram 中儲存貼文可分為："珍藏" 與 "典藏"。"珍藏" 是將自己或他人的貼文分類收藏，方便隨時查看；"典藏" 則是將自己不想公開的貼文或限時動態隱藏保存，此處示範 "珍藏" 的方式。

珍藏貼文

在想珍藏的貼文點選 ☐ 呈 ■ 表示已珍藏此貼文。(再點選一次即取消珍藏)

查看珍藏的貼文

於 ● 畫面點選 ☰ \ ☐ **我的珍藏**，再點選 **所有貼文** 可看到珍藏的貼文。

新增珍藏貼文分類

珍藏貼文的數量一多，自然不容易找到想看的項目，如果想更快找到貼文，可以自訂分類珍藏貼文。

01 於 **我的珍藏** 畫面點選 [+]，輸入要新增的分類名稱後，點選 **下一步**，再點選要加入此分類的已珍藏貼文，最後點選 **完成**。(Android 系統手機操作順序稍有差異，請依畫面指示完成。)

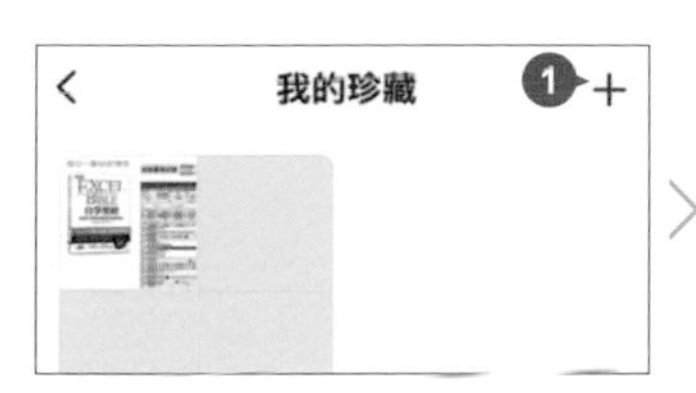

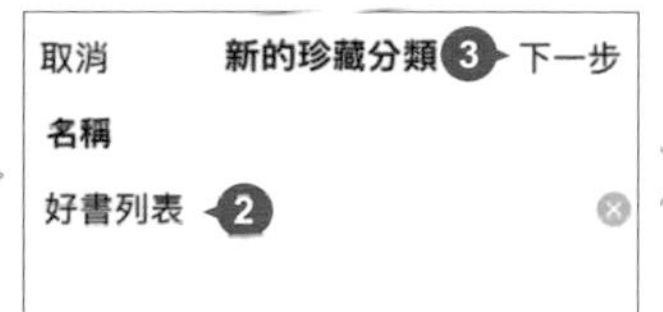

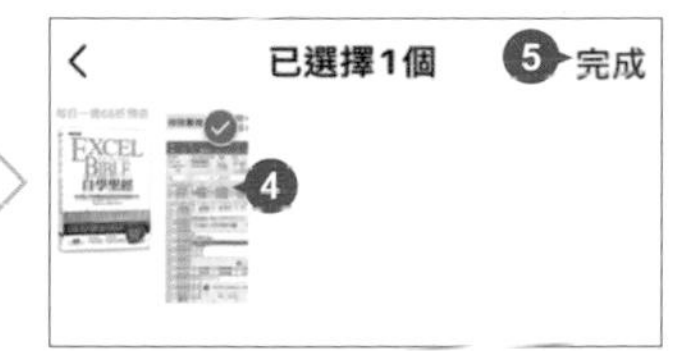

02 完成後可在畫面中看到新增的分類，點選即可查看此分類的貼文。(點選 [<] 可回到上一頁)

建立珍藏貼文分類後，於要珍藏貼文點住 [🔖]，出現珍藏分類選項，點選合適的分類，貼文會珍藏至該分類，再點選 [+] 可新增分類。

編輯珍藏分類

如果要變更珍藏分類的封面、名稱，可於 **我的珍藏** 畫面點選要編輯的珍藏分類，點選 ⋯ \ **編輯珍藏分類 \ 變更封面** 於此分類貼文中挑選其他圖片當成封面，再點選 **名稱** 下方欄位輸入新的名稱，最後點選 **完成**。

刪除珍藏分類

如果要刪除珍藏的分類，於 **我的珍藏** 畫面點選要刪除的珍藏分類，再點選 ⋯ \ **刪除珍藏分類 \ 刪除** (或 **編輯珍藏分類 \ 刪除珍藏分類**)，會刪除該分類但貼文仍保留在 **所有貼文** 分類中不會被刪除。

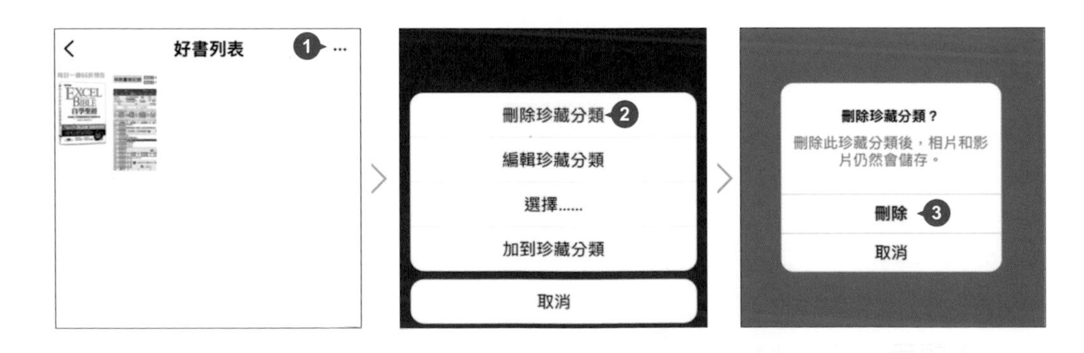

將自己的貼文典藏並查看

有些貼文時效已過，但又不想刪除，可以應用 **典藏** 功能將不想出現的貼文隱藏到只有你能看見的空間。

典藏貼文

在想典藏的個人貼文上方點選 ⋯ \ **典藏**。(此則貼文會於你的個人檔案畫面中消失)

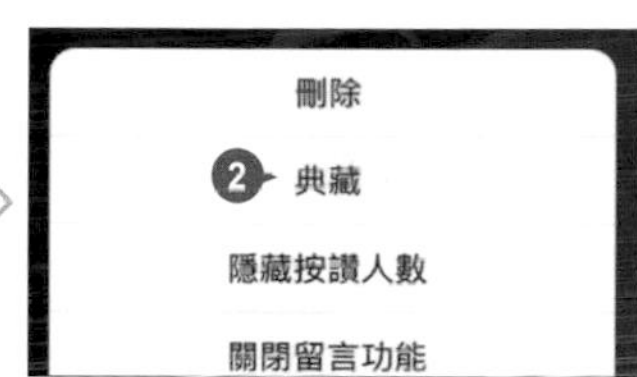

查看典藏的貼文

於 畫面點選 ☰ \ **典藏**，再點選 **貼文典藏 \ 貼文典藏** 可以查看典藏的貼文。

將典藏貼文恢復到個人檔案

在 **典藏** 畫面中點選想恢復的典藏貼文，再點選 ⋯ \ **顯示在個人檔案上**，可再次顯示在個人檔案畫面中。

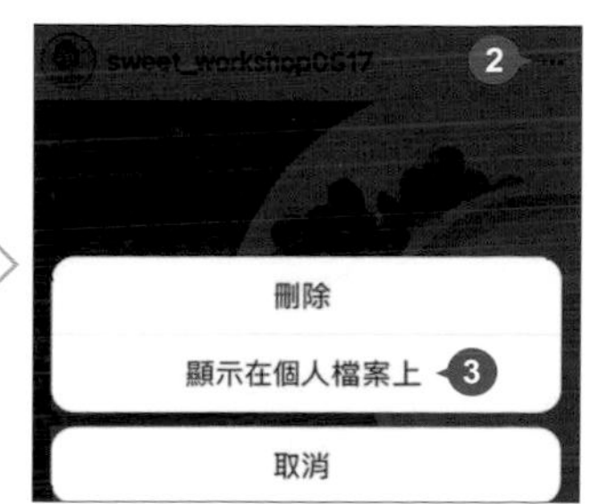

新訊息、貼文點讚、留言...，立刻通知！

針對點讚或留言、特定朋友和帳號貼文、直播和 IGTV...等項目，可依照自己的喜好選擇是否要收到通知。

01 於 畫面點選 \ **設定**。

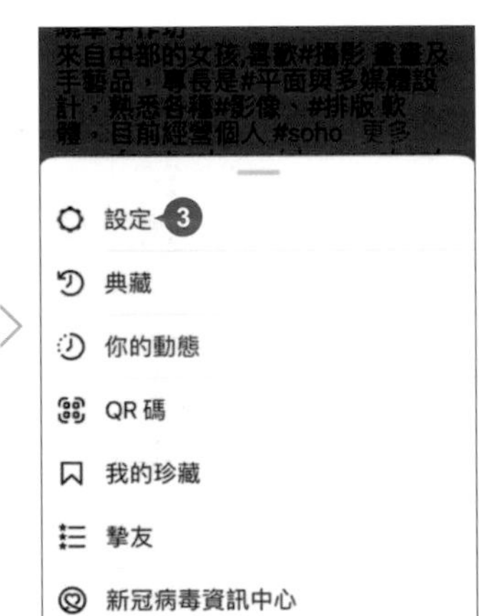

02 點選 **通知**，畫面中點選要開啟或關閉的通知項目，以 **貼文、限時動態和留言** 為例，點選後可設定 **讚**、**有你在內的相片**...等相關通知項目。(如果想暫停全部項目，可於 **通知** 畫面點選 **全部暫停** 右側由 呈 狀。)

同時管理多個帳號

如果擁有私人帳號、公開帳號、公司帳號...等多種角色，可以同時登入，再透過切換功能管理。

於 ❶ 畫面點選 ☰ \ ⚙ **設定 \ 新增帳號 \ 登入現有的帳號** (或 **建立新帳號**)，輸入 Instagram 帳號與密碼後點選 **登入**，會進入該帳號畫面；如果要切換已登入的帳號，可以在個人檔案畫面左上角點選帳號名稱，再點選要切換的帳號。

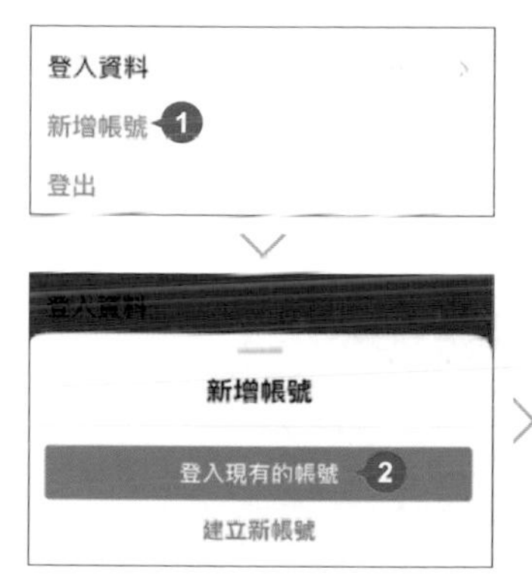

小提示

如果出現 "超過限制帳號數量" 該怎麼辦？

Instagram 目前官方說明最多可同時管理 5 個帳號，如果超過就無法新增，此時可先登出較少使用的帳號：於 ❶ 畫面點選 ☰ \ ⚙ **設定 \ 登出**，於帳號畫面中點選要登出的帳號，接著點選 **記住 \ 登出**，登出帳號後可新增其他帳號。

用訊息聊天

Instagram 跟其他社群平台一樣，可以用訊息聊天，也可以傳送貼圖、相片、語音...等，讓溝通零距離。

尋找收件人並傳送文字訊息

於 畫面點選 ，訊息清單中可以看到好友的上線狀態，點選要傳送訊息的帳號可開啟訊息聊天室，在下方欄位輸入文字訊息再點選 **傳送** 可以將訊息傳送給對方。

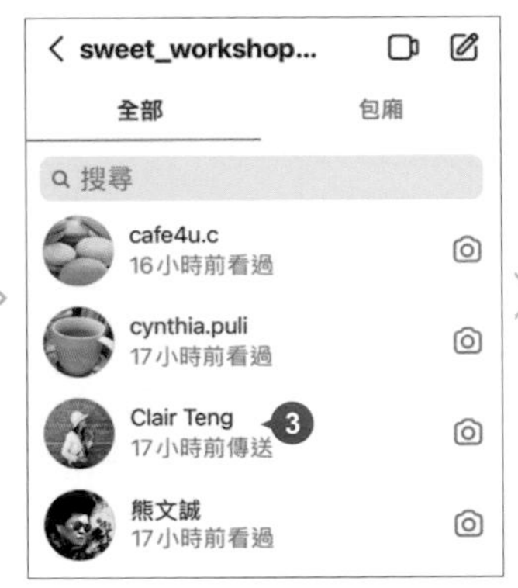

小提示

找不到好友帳號怎麼辦？

如果清單中找不到好友的帳號，可以於上方搜尋欄位輸入用戶名稱或姓名，快速查找。

加入心情貼圖

訊息中加入各種情緒貼圖傳達心情，讓聊天室更熱鬧。

輸入訊息時，將手機鍵盤切換到表情符號 (依各家手機操作)，點選合適的貼圖，點選 **傳送**。

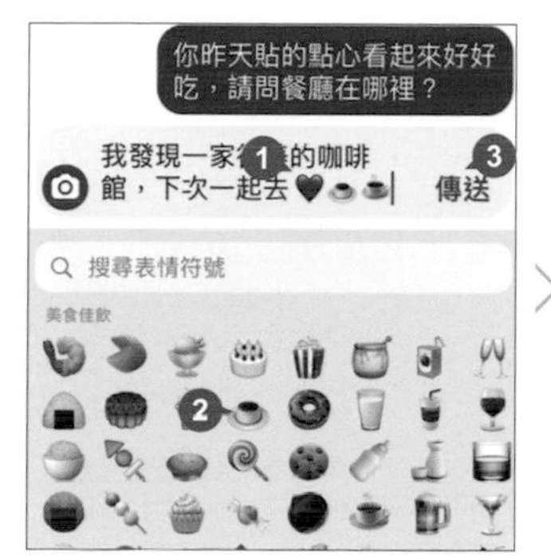

傳送相片

美食、人物...用相片更能直覺傳遞所看所想，在訊息傳送欄位點選 ，接著點選要傳送的相片 (可點選多張)，再點選 **傳送**。

傳送語音訊息

如果不想輸入文字，也可以用語音的方式傳送訊息。在訊息傳送欄位點住 🎙 開始錄音，往左滑至 🗑 圖示可以取消此次錄音；放開會直接傳送此則語音訊息；點選訊息上 ▶ 即可播放。

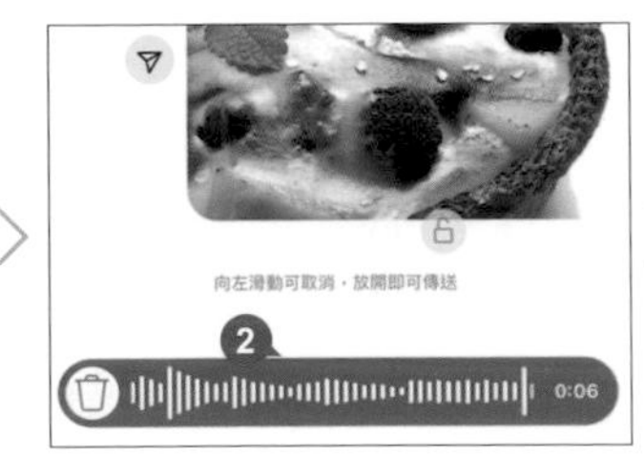

對訊息表達心情

看到好友傳來的訊息，可以點住該訊息，再點選心情圖示，對方也會收到通知。(點選 + 選擇更多圖示)

儲存接收到的相片

點選訊息中的相片再點選 ··· \ **儲存至相機膠卷** (或點住相片再點選 **更多 \ 儲存**)，可以將相片存到自己的手機中。

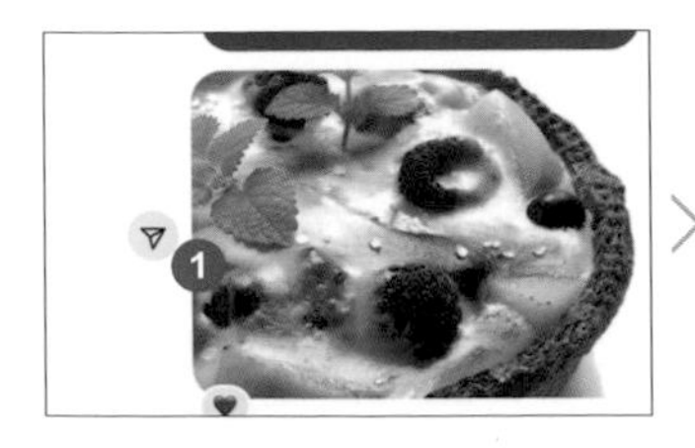

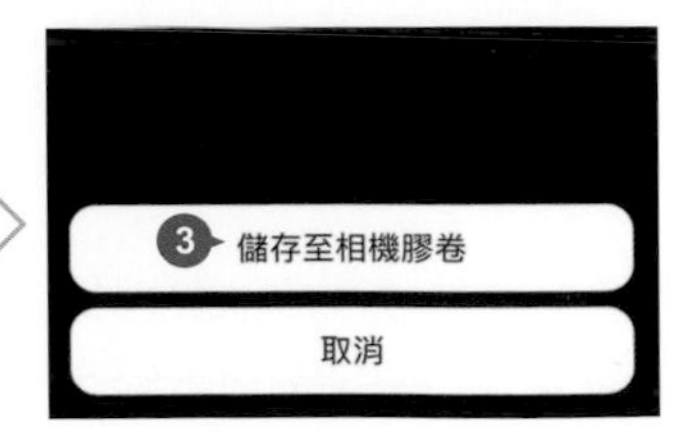

GIF 動態貼圖與動態自拍照

訊息中還可以加入 GIF 動態圖案增添玩味感，除了預設的動態圖案，也可以利用自拍照加上有趣濾鏡做成個人專屬動態貼圖，儲存自拍照動態貼圖，之後就能直接在聊天時快速選用。

01 點選 \ **自拍照** 開啟自拍畫面。

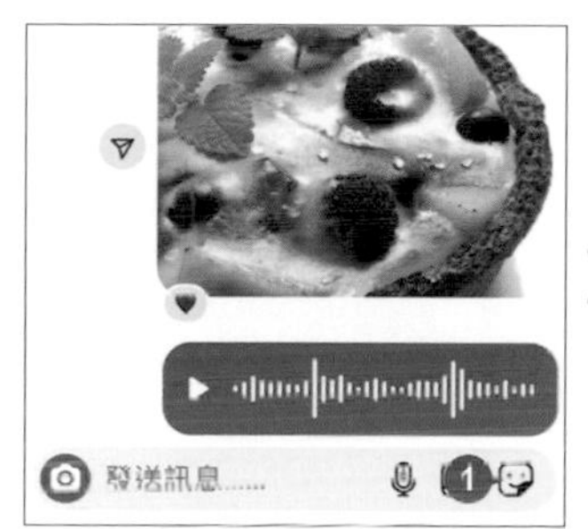

02 首先將臉正面顯示在圓圈內，在下方點選合適的濾鏡，接著點選 ∞，開始擺動頭部或改變表情錄製動態貼圖，如果不滿意可點選 **重新拍攝**；點選 可以傳送給目前正在聊天的對象，點選 **儲存貼圖** 會儲存在 **自拍貼圖** 畫面的下方供重複使用 (Android 系統目前無 **儲存貼圖** 功能)。

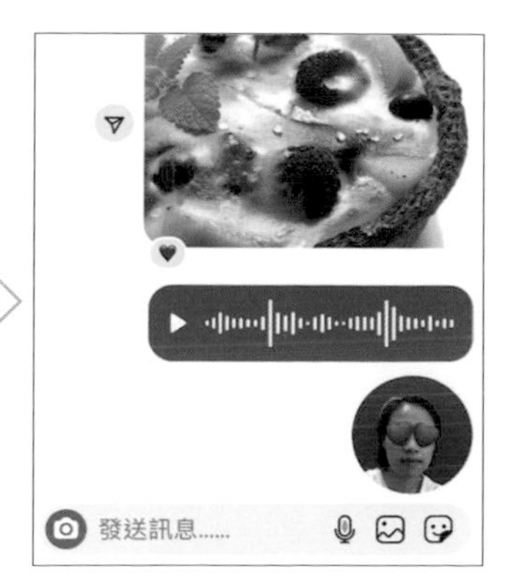

如果需要先倒數再拍攝，可點選 ∞ 右側的 **計時器已關閉**，開啟計時器，再點選 ∞ 出現三秒倒數計時，接著開始錄製動態貼圖。

用 "閱後即焚模式" 傳送只看一次的祕密

機密或是不希望被外傳的訊息、圖片都可以用 **閱後即焚模式** 傳送，只要對方看過後離開聊天室，訊息就會消失，對方如果有錄製手機螢幕或截取螢幕圖片...等動作，你都會收到相關通知。

01 聊天室空白處點住往上滑，在畫面下方出現 **放開可開啟閱後即焚模式** 再放開。

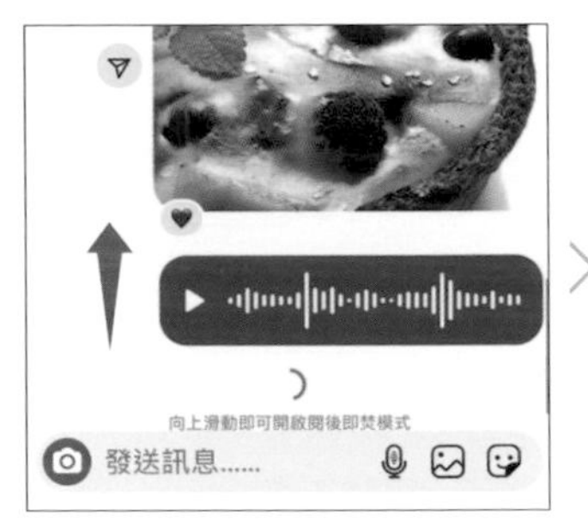

02 即焚模式為全黑畫面，傳送訊息圖片方法與一般聊天室相同，傳送完成後點選 **關閉閱後即焚模式** (或再次向上滑動)，可以回到一般聊天室。

03 於一般聊天室，可以看到顯示限時訊息的則數，一旦對方於即焚模式中擷圖或錄影，你都會收到相關通知。

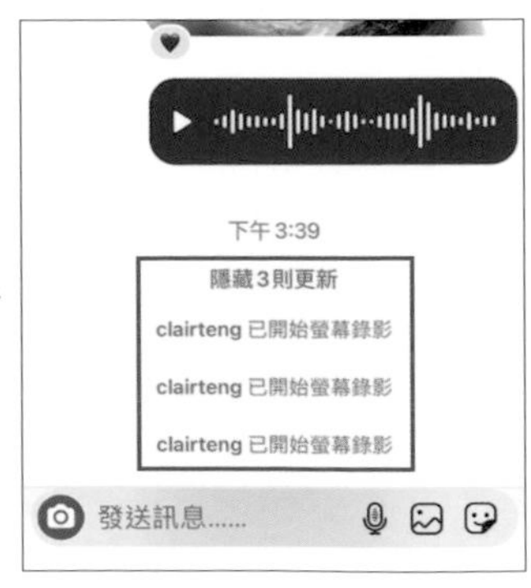

自訂聊天室的主題與色彩

聊天室的背景主題與對話框顏色都可以依照自己喜好決定。

01 點選聊天室上方的帳號名稱，於 **詳情** 畫面點選 **主題**。

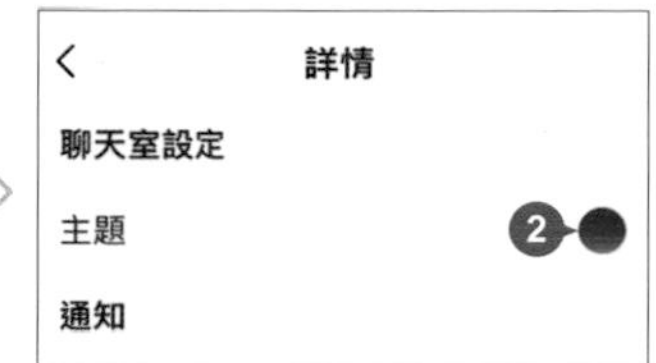

02 **主題** 可變更聊天室背景色，**色彩和漸層** 可變更文字訊息底色。

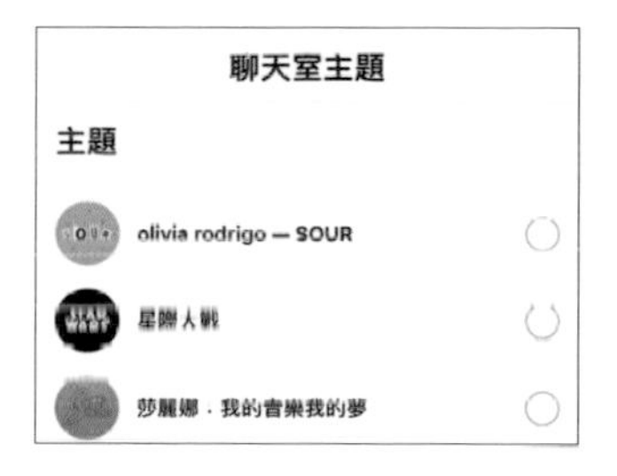

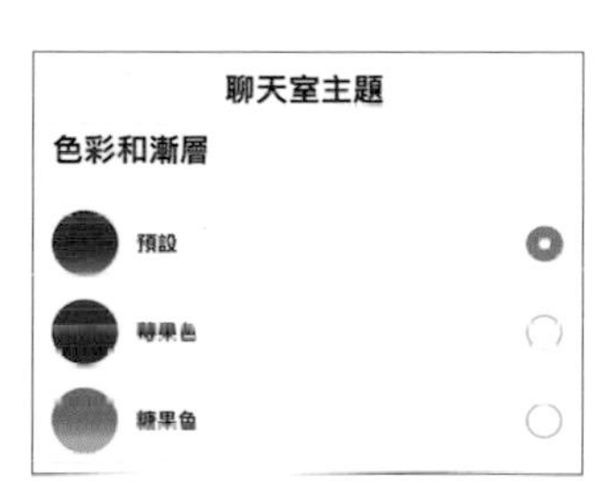

回覆指定訊息

聊天室中有許多對話訊息，指定單一則訊息引用並回覆，讓對方更容易了解你在說什麼。點住要回覆的訊息，再點選 **回覆**，接著輸入回覆內容，點選 **傳送**，就會以 "已回覆你" 的方式呈現。(除了回覆對方訊息也可以回覆自己的)

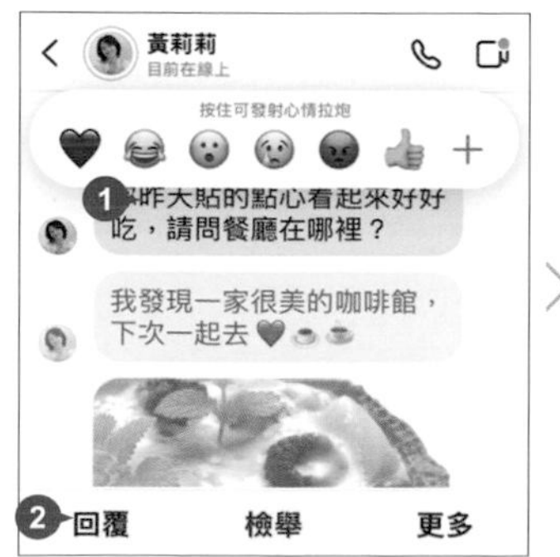

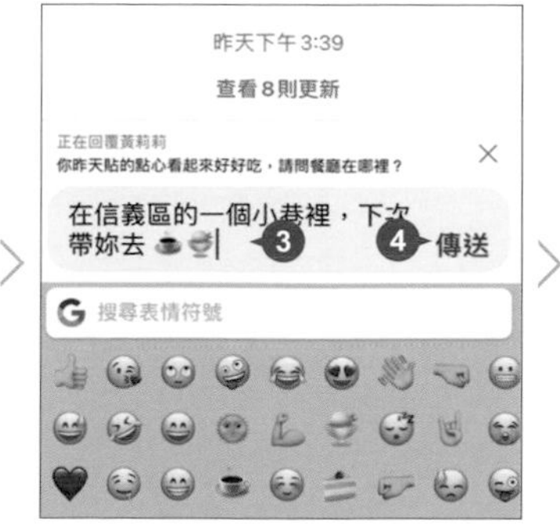

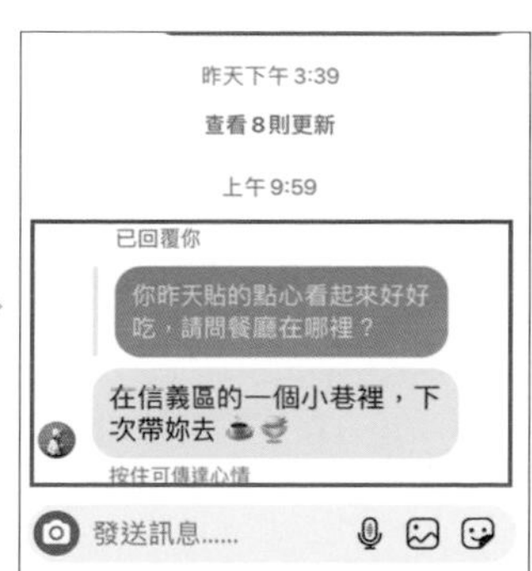

轉發訊息與圖片

將聊天室的訊息或圖片轉寄給相關朋友，減少輸入或儲存、傳送時間。
轉發文字訊息：點住要轉發的對話，點選 **更多 \ 轉寄**，接著點選要轉發的帳號 (可多選) 於下方輸入訊息並點選 **傳送**。(或先輸入訊息，再於要轉發的帳號右側點選 **傳送**。)

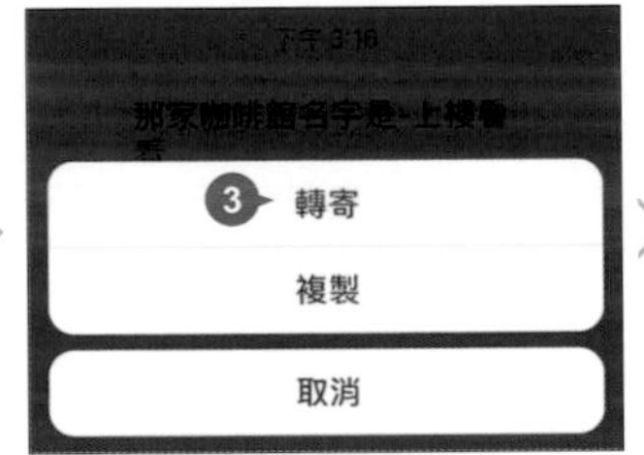

轉發連結或圖片訊息：點選圖片或連結右側 ▽，再點選要轉發的帳號 (可多選)，於下方輸入訊息並點選 **傳送** (或先輸入訊息，再於要轉發的帳號右側點選 **傳送**。)。對方收到的訊息上方會顯示 "轉寄了 1 則訊息"。

如果找不到要轉發的帳號，可於上方搜尋列輸入名稱，以搜尋的方法快速找到帳號。

收回自己發的訊息

不小心傳錯文字、圖片或語音可以即時收回。點住要收回的訊息，再點選 **收回訊息**。(**收回訊息** 雖可將訊息移除，但可能收回之前對方就已看過了。)

複製訊息

有時候收到地址、電話...等訊息，可以複製訊息讓輸入不易出錯。點住要複製的訊息，再點選 **更多 \ 複製**。

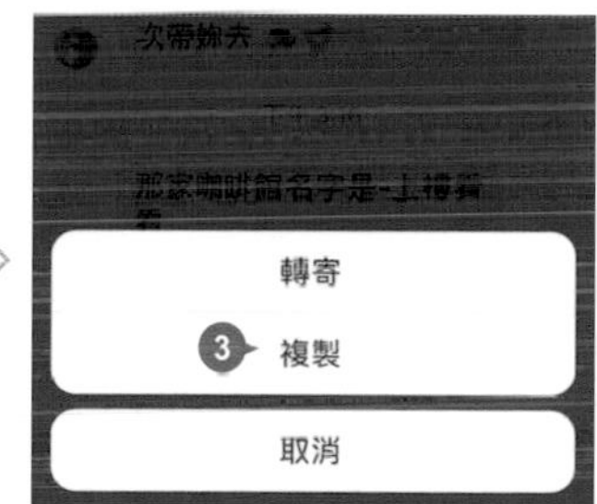

陌生訊息

當沒有追蹤的帳號傳來訊息，該訊息在收件匣中會顯示為陌生訊息，若要查看，可點選收件匣 **x 則陌生訊息**，再點選訊息查看。查看後點選 **接受**，該帳號之後的訊息就不會出現在陌生訊息中；點選 **刪除** 可以刪除此訊息；點選 **封鎖** 則不會再收到此帳號的訊息。

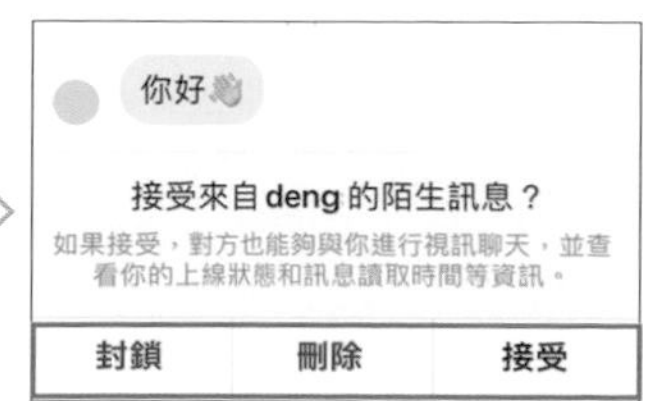

限制他人的訊息或留言

有些朋友常會轉發廣告或是不合適的圖文，在不將對方封鎖、取消對方追蹤的前提下，可以使用 **限制** 功能阻擋擾人的垃圾訊息。

對方留言只有你能看到，私訊也必須經過你審核：

- 聊天室限制，可限制指定帳號，將對方傳來的訊息自動顯示在陌生訊息，對方看不到你是否讀取或刪除該訊息，如果你與該帳號在同一個群組聊天室，則會收到已限制帳號傳送訊息的通知。
- 留言限制，限制指定帳號，該帳號的留言必須你批准才會公開，不然只有你和他看得到這些留言。

限制聊天室訊息

進入聊天室，點選要指定限制的帳號，再點選上方的帳號名稱，於 **詳情** 畫面點選 **限制**，再點選 **限制帳號** 即可將此帳號的訊息移到陌生訊息。

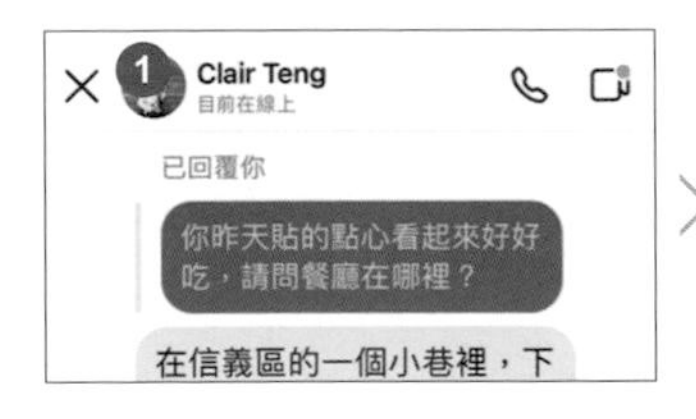

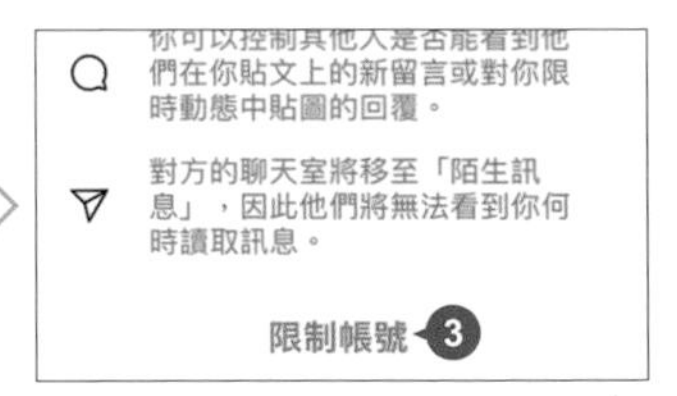

如果想查看該帳號訊息，可點選收件匣 **# 則陌生訊息**，再點選訊息查看，如果想取消該帳號的限制，點選畫面下方的 **取消限制** 即可。

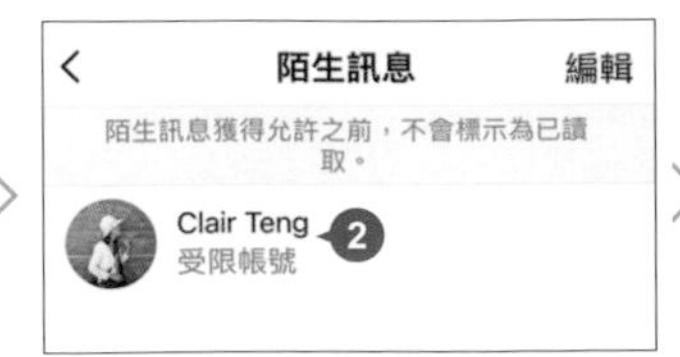

限制留言

找到貼文中擾人的留言，於留言最右側向左滑動 (或點住不放)，點選 [icon] \ **限制**，再點選 **取消** (或 **關閉**) 即可限制此帳號的留言。

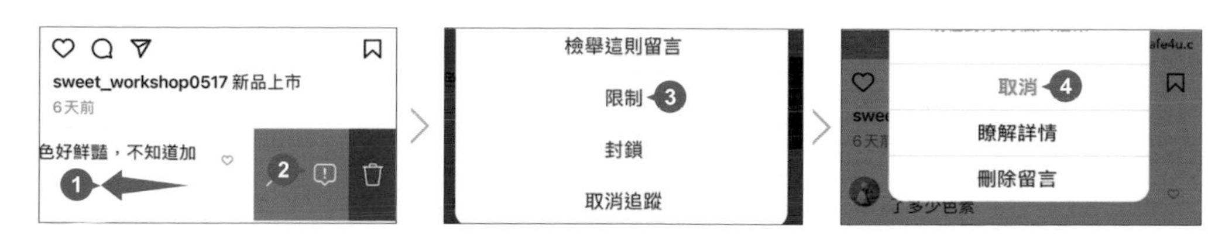

該帳號之後的留言不會馬上公開，必須點選 [icon] 查看貼文留言時才會看到，點選 **查看留言**，點選 **批准** 會公開該留言或點選 **刪除** 會刪除此則留言。

如果要取消該帳號的留言限制，於留言向左滑動 (或點住不放)，點選 [icon]，再點選 **取消限制**，但取消限制前的留言還是需要批准才會公開。

同時限制訊息及留言

除了以上二種限制的方法，要同時限制訊息及留言，可以前往他的個人首頁，在畫面右上角點選 [⋯] \ **限制** \ **取消** (或 **關閉**)，如果要取消限制可再次點選 [⋯] \ **取消限制**。

群組訊息聊天

Instagram 群組聊天室可以讓更多人加入，透過訊息一起聊天或討論事情，不管要相約聚會或舉辦活動都超方便。

建立群組

點選聊天室右上角 ，再點選建議清單的帳號 (可多選)，或是於 **致：** 輸入搜尋，確認邀請的帳號後點選 **聊天**，即建立了群組聊天室，傳送訊息的方式與一般聊天相同。

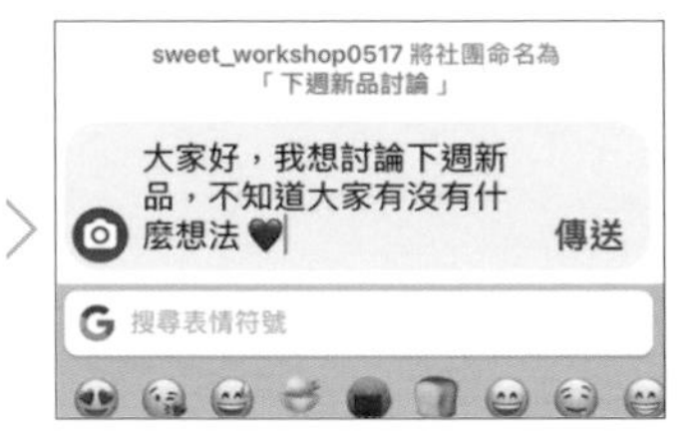

設定群組名稱、顏色及新增人員

點選最上方的群組人員名稱，於 **詳情** 畫面輸入合適的 **群組名稱** (若無此項目可直接編輯畫面最上方名稱)、設定 **主題** 背景或顏色後，點選 **完成** (或左上角) 即可套用設定。

詳情 畫面下方 **成員** 清單，可看到群組中的成員，點選 **加其他人** (或 **新增用戶**) 可再加入其他帳號。點選 **退出聊天室** 即可離開此群組，若點選 **結束聊天室** 則可刪除此聊天室。

群組視訊聊天

有不少人喜歡使用視訊方式與朋友保持連繫，Instagram 聊天室可以多人一起視訊；更可以暫時退出讓其他人繼續聊天，有空或需要時再進入群組即可。

建立視訊聊天

點選聊天室右上角 ，再點選建議清單的帳號 (可多選)，或是於 **致**：輸入搜尋，確認邀請完後點選 **開始**。(若為已建立的群組，於群組訊息聊天畫面點選 即可開啟視訊。)

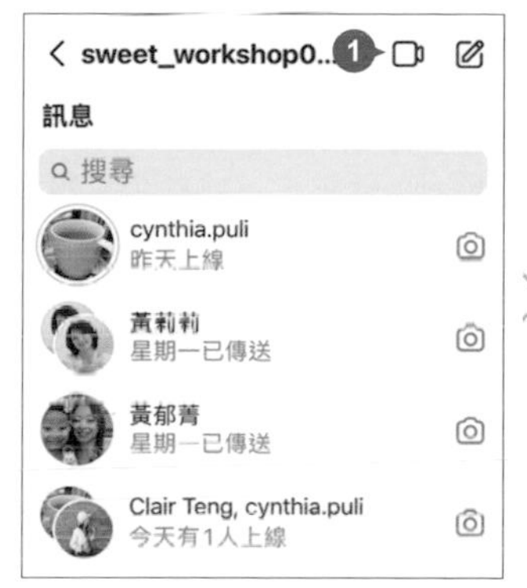

視訊影音設定

於畫面的設定項目： 可把畫面縮小至右下角 (Android 系統目前沒有支援)、 開啟或關閉影像、 開啟或關閉聲音、 切換前後鏡頭、 離開視訊。

 影音內容 點讚貼文、收藏、IGTV...等內容； **新增用戶** 可以加入其他成員；當使用前鏡頭時，下方會多一個 **特效** 可以選擇不同的濾鏡效果套用，讓視訊聊天更有趣。

建立聊天包廂多人會議

不論有沒有使用 Instagram，包廂都可以邀請，一起視訊聊天；也可以暫時退出讓其他人繼續聊天，需要時再進入包廂。

建立包廂

點選聊天室上方的 **包廂** 標籤，再點選 **建立包廂**，接著於 **邀請朋友** 畫面點選相關帳號右側的 **邀請** (或 **傳送**) 傳送邀請給朋友；也可以點選 **分享**，以其它 App 傳送邀請，對方只要點選連結就可以進入包廂；邀請朋友後點選 **加入包廂**。

包廂影音設定

於包廂畫面的設定項目：可把畫面縮小至右下角 (Android 系統目前沒有支援)、開啟或關閉影像、開啟或關閉聲音、切換前後鏡頭、離開包廂 (但其他人仍可繼續使用此包廂)。

影音內容 與視訊成員分享點讚貼文、收藏、IGTV...等內容；**設定** 項目內有 **分享包廂連結**、**相關人員**、**向所有人結束包廂**...等控制項目。

Instagram 用電腦貼文、傳訊息

透過瀏覽器登入 Instagram 網頁版，除了可以傳訊送訊息，上傳電腦中的相片或影片建立貼文，另外搭配快速鍵還可轉換為手機編輯模式建立限時動態 (僅限相片、無法上傳影片)。

01 於 Chrome 瀏覽器網址列輸入：「https://www.instagram.com/」進入 Instagram 登入畫面，輸入 Instagram 的帳號與密碼，再點選 **登入** 。

02 進入 Instagram 主畫面，點選右上角圖示可切換到各功能畫面：收件匣查看與傳送訊息、＋ 建立相片或影片新貼文、探索畫面、♡ 查看通知、帳號設定。

03 建立相片或影片新貼文：選按 ＋，選擇要上傳的相片或影片，再依步驟設定 **大小**、**篩選條件**、**編輯** 項目，輸入貼文內容與標示地點後選按 **分享** 鈕，上傳貼文，最後按右上角 ✕ 關閉。

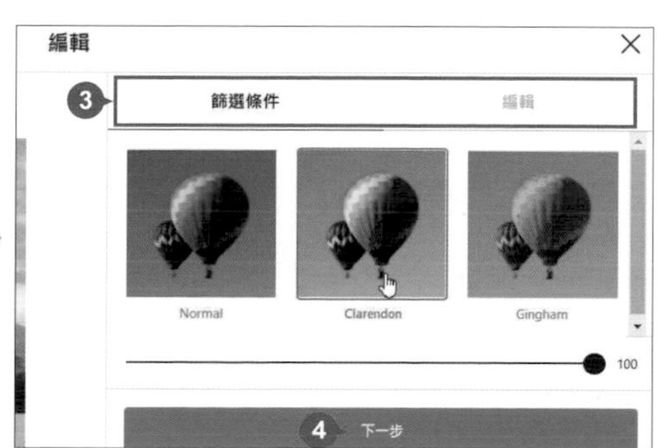

04 查看與傳送訊息：選按 ⊚ 即可進入收件匣，於左側選按欲回覆的聊天室，在右側輸入文字傳送即可。

小提示

以瀏覽器新增限時動態

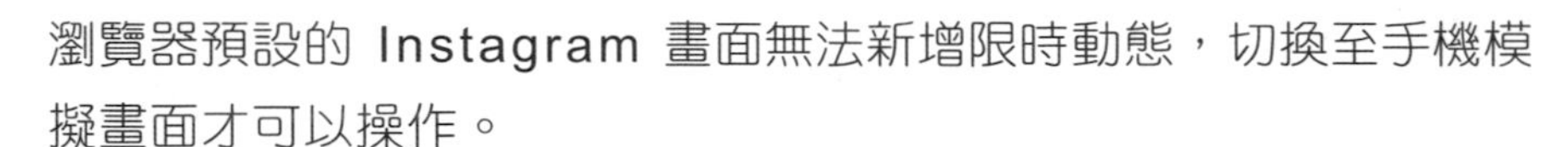

瀏覽器預設的 Instagram 畫面無法新增限時動態，切換至手機模擬畫面才可以操作。

01 進入 Instagram 主畫面後選按 F12 鍵啟用開發人員工具，初次使用時需再選按 ◻ 切換至手機模擬畫面，最後選按 F5 鍵重新整理頁面。

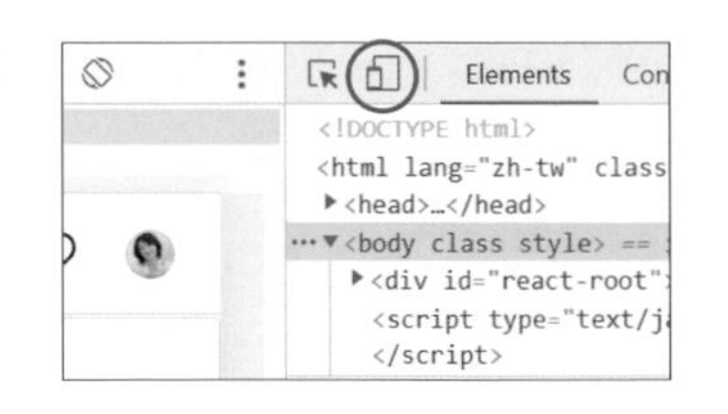

02 進入 Instagram 主畫面選按畫面左上角 ◎，選擇相片後選按 **開啟**，依手機的操作模式完成編輯後，再選按畫面下方的 **新增到限時動態**。

Part

03

人氣與曝光度翻倍的 Instagram 貼文

吸睛的貼文內容是贏得人氣與買氣的重要法則，不管是引起共鳴的圖文，或是一個好的 hashtag（#），都可以強化貼文觸及率，提升行銷效果，增加品牌、商品或服務的人氣與曝光度。

引起共鳴的貼文

容易引起共鳴的貼文，不外乎是觸動人心、實用性高、呼應時事...等內容，此類型得到的 "讚" 也會比一般貼文來得高。

不論是何種社群媒體，想吸引粉絲的追蹤與關注，當然少不了能勾起好奇心或是激發同溫層族群的圖文。以下是幾種容易快速增加粉絲追蹤人數及吸引他人轉分享貼文的技巧：

動物、小孩、美女

動物與孩子純真的畫面是大家最喜歡分享的主題，自然不造作的任性、耍賴、撒嬌...表情，純真的模樣總能療癒人心。

美女圖片更是不敗必勝絕招，不管是品牌代言、造型、配件、穿搭等內容，只要經過美女加持，都可以快速衝高追蹤人數。

新知分享

實用型資訊或知識類型的分享，常會吸引特定的目標群，不管是科技新知、冷知識、美妝美髮、世界奇聞...等，如果可以提供大家感興趣的內容，甚至搭配流行時事，就能得到更多人的認同。

驚喜、紀念、成就達成

不管是發現新事物、好吃美食，各式初體驗...等驚喜時刻；或是生日、結婚紀念日、畢業典禮...等重要日子；還是達成結婚、生子...等人生成就，這些貼文型態不僅接近大家生活，也是最容易引起共鳴與迴響的主題。

用幽默為人生舒壓

幽默風趣的貼文，常讓人會心一笑，畢竟幽默不需要過多解釋 (但還是要大家看得懂)。透過分享有趣的人事物，讓你用幽默征服大眾。

美妝美食

Instagram 的主要族群是 13～34 歲，他們關注的多是流行趨勢或是美食情報，這類貼文非常需要美拍圖片一秒吸引關注度。

流行話題與時事

舉凡政治、體育、藝文、電影、戲劇、娛樂、美妝或服飾...等話題，都很適合當成發文主題，但面對政治議題時要留意不要因為立場不同引起論戰。有時候以時事做為切入點，透過貼文表達自己的想法，吸引力遠比其他類型的貼文要強上許多。

用對文字！6 大技巧讓貼文更受歡迎

雖然 Instagram 是以照片為主的發文，但下個好標題和精準的 hashtag 也是增加能見度的重點。

貼文除了要有好看的相片、細心挑選的濾鏡與 hashtag，文字的寫法也是大有學問。不管是分享自身心情、介紹商品或是傳遞資訊的內容，用心構思文字才能引起大家共鳴，增加貼文能見度。以下提供幾個貼文撰寫秘訣：

用相片說故事

有圖有真相，利用文字、留白的效果，讓大家可以專注在相片內容，藉此增加對貼文者的好奇心。

避免圖文不符

圖文不符有的是用圖片騙人點閱，有的則是暗藏炫燿文，貼近圖片的文字可以加深印象，但不要寫些讓人忍不住翻白眼的文字，讓人秒退追蹤。

文字簡短有力

Instagram 靠相片說故事，且發文也有字數限制，建議精簡文字的內容，藉此創造記憶點，增加粉絲的想像空間。

清楚分段

一則貼文如果不能一秒內吸引粉絲就會被滑過了，太長的文字不容易閱讀抓到重點，利用分段調整內容才能在短時間內吸引人注意。

正確使用拼音、標點符號、文法

文字內容盡量避免火星文、注音文…等這些令人頭痛的網路語言，使用正確的單字、句型、基本文法，讓貼文不僅貼近生活，也更容易閱讀。

不要濫用 hashtag

很多人為了增加貼文的曝光度，會在文字中加入 hashtag (主題標籤)，但你可能也看過整篇文字塞滿了 # ，不但影響文字閱讀也不會想去點擊那些跟圖片無關的 hashtag，精準有效的 hashtag 才能提升貼文被搜尋到的機率。

社群行銷必備！建立 hashtag (#)

在 Instagram 貼文中加註時下流行的關鍵字，讓大家不僅容易搜尋，更可能因為喜歡你的貼文而主動追蹤。

如果有在玩 Facebook、YouTube、Twitter...等社群網路工具，想必對於 hashtag 一定不陌生。在 Instagram 中，hashtag 不但為社群環境中主要的交流方式，就商業層面來說，企業更可運用 hashtag 宣傳，藉此提升品牌形象，達到行銷目的。

什麼是 hashtag

#，英文叫 hashtag，又稱主題標籤，通常 hashtag 可能具有主題性 (#櫻花季)，品牌 slogan (Nike 的 #justdoit)、商業活動 (可口可樂的 #shareacoke)、地區或地標 (法國巴黎鐵塔 #EiffelTower)...等性質，透過 hashtag，粉絲可以搜尋到你的貼文並連結到所有標記這個詞的公開貼文。

正確使用 hashtag

貼文裡如果要加入 hashtag 時，先輸入「#」符號，再輸入一個詞、單字或句子的關鍵字。其中 # 符號與文字間不能包含標點符號、空格或特殊字元，如果有二個以上的 hashtag 時，hashtag 之間要用一個空白區隔。例如：

#PowerBI #大數據 #資料視覺化 #文淵閣工作室

要注意的是，貼文在公開的狀態下，hashtag 較容易被大眾搜尋到；而 hashtag 最多可放 30 個，除了考量貼文觸及率，切忌不要放太多的 # 影響閱讀。

善用 hashtag，增加貼文曝光度

好的 hashtag，可以提高你在社群平台或品牌行銷上的曝光機會，讓別人更容易看到你！

如果希望自己的 Instagram 可以被更多人看見，選擇一個合適、有效、符合流行趨勢的 hashtag 就很重要！以下整理 6 種 hashtag 使用訣竅：

品牌或廣告標語

將品牌名稱或活動口號做為 Instagram 行銷的 hashtag，讓粉絲可以導向品牌、相關話題或看到更多相關相片，不僅可以加深他們對品牌的印象，更可強化活動曝光度。

像是品牌名稱 #coke、#starbucks；Nike 的經典口號 #justdoit。

簡短有力

長串的 hashtag 反而不易被人搜尋，如果你希望增加貼文能見度，使用簡短、明確、貼近時事的 hashtag 才能讓粉絲更容易分享訊息。

隨時追蹤，參與討論

掌握 hashtag 有哪些使用者，透過主動留言、點讚的互動方式，活絡討論氛圍，擴大 hashtag 帶來的回饋與效益。

使用熱門 hashtag

熱門的 hashtag 除了可以用在貼文中，很多時候更是大家搜尋時會輸入的關鍵字。利用這些相當多人使用的 hashtag (如：#love、#instagood、#photooftheday...等)，不僅大幅提升貼文被找到的機率，更能有效提升品牌知名度。

增加在其他平台曝光的機會

同樣的 hashtag，不只出現在 Instagram，其他像 Facebook、YouTube、Twitter...等社群平台一樣也可以使用。如此一來，不但可以在不同平台延續活動熱潮，甚至因為擴大客層，有更多人看到或參與，行銷效益事半功倍，品牌聲量也藉此擴散。

衡量原創 hashtag 帶來的效益

有些人會自創跟自己帳號有關的 hashtag，雖具獨特性，卻可能因為能見度不足，導致行銷效益大打折扣。一個原創 hashtag 除了要經常使用，為它建立內容，還要長期與粉絲互動，才可以提高品牌忠誠度，進而創造更多價值。

粉絲激增！認識超人氣 hashtag

單靠相片並不能為你獲得更多粉絲的追蹤與關注！善用這些熱門 Hashtag，讓你的愛心數爆增！

#love (21 億則貼文)

不管是情侶、夫妻、小孩、寵物...等身影，只要充滿愛意的相片，都可以加上 #love，提高貼文的熱門程度。

#instagood (13.6 億則貼文)

從 Instagram 衍生出來的 hashtag，只要自認是很棒的相片 (含自我推薦之意)，就可以加上這個標籤！

#ootd (3.6 億則貼文)

意思是 Outfit of the Day，指本日穿搭。透過這個標籤分享自己當日的造型、穿搭配件，表現屬於你自己的時尚品味。

#swag (1.6 億則貼文)

泛指服裝有型、夠酷夠潮，充滿強烈的個人風格與印象。

#selfie (4.5 億則貼文)

代表自拍。在 Instagram 常見偶像明星或一般人的自拍照，學會掌握角度與光線的拍攝技巧，就能拍出完美的自拍照。

#tbt (5.7 億則貼文)

為 Throwback Thursday 縮寫，原來代表 "在星期四放上過去的相片"。一開始只是因為大家星期四都忙無法抽空拍新相片，才會選擇貼出舊相片。之後大家應用廣泛，只要有舊相片想要分享，就會在貼文中放上 #tbt，既簡單又明瞭！

#nofilter (2.8 億則貼文)

Instagram 的特色就是擁有豐富濾鏡，而 #nofilter 則是強調這張相片本身就很優，完全不用套用濾鏡。

#likeforlikes (2.9 億則貼文) 或 #like4likes (1.3 億則貼文)

代表 "你幫我點讚，我也會幫你點讚"，使用這個 hashtag 的用戶希望能累積大量人氣，所以下次如果看到了，記得幫忙點讚衝衝人氣。

精選 4 種主題專用的 hashtag

Instagram 有數不清的 hashtag，以下根據貼文內容整理四種常見類型，讓你可以快速為貼文加入合適的 hashtag。

"美食" 專用

如果你喜歡到處吃美食，發掘各地美食餐廳、夜市小吃、咖啡飲品、人氣甜點...等，或是分享跟吃有關的新鮮事、手作料理，可以參考這些關於 "吃" 的 hashtag。

- #food、#foodpic：就是食物相片。
- #foodie：意思是 "美食家"，代表你是一個享受與熱愛美食的專業饕客；如果增加區域性的關鍵字，如：jpfoodie，則可以找到當地美食。
- #fromabove：由上而下的拍攝手法，較常用於美食照。
- #foodporn：一張張讓人口水直流的美食近照，帶來極高的視覺享受。
- #foodstagram：美食當前，先不急著動手，讓相機、手機 "先食"。
- #handsinframe：搭配手勢或其他動作，讓食物呈現不一樣風格，整張相片變得更加生動有趣。
- #mmm、#nom、#yummy、#delicious、#delish：形容美味的狀聲詞或形容詞。

"運動" 專用

近幾年運動風潮愈來愈興盛，各式類型的運動，如：健身、游泳、瑜珈、慢跑、打球…等族群也愈來愈多，除了瘦身減脂等健康因素，大家開始對自己的體態有更多的要求。以下列舉幾個跟運動相關的 hashtag：

▶ #fitness：代表健康、健壯。

▶ #workout：健身、#cardio：有氧運動、#exercises：運動。

"旅行" 專用

旅行也有專用 hashtag！不管用相機或是手機拍下的動人景緻，或是充滿新意的旅遊美照，試試這些 hashtag 幫你的旅行相片傳達更多訊息！

▶ #Instago：將 Instagram 與 go 二個單字結合成一個 hashtag，代表前進、出發之意。

▶ #travelgram：將 travel 與 Instagram 二個單字結合成一個 hashtag，只要跟旅行有關的相片都適用！

▶ #roadtrip：意思是公路旅行。與家人或幾個好友，一邊開車一邊享受旅行所帶來的樂趣，旅途中拍的所有相片，都可以用 #roadTrip。

▶ #worldcaptures：代表專業的攝影內容或壯觀的景色。

▶ #getaway：一種逃離現實、工作還有煩惱的心境，另外也時常被用在各種旅遊秘境上。

▶ #citywalk：漫步世界各地，透過相片記錄當下的點滴回憶，是一款城市旅行專用的 hashtag。

▶ #museum：博物館、#rooftopbar：高空酒吧、#oldtown：舊城、#modernart：現代藝術、#opera：歌劇、#sunshine：陽光、#olympicgames：奧運、#cathedral：大教堂、#gallery：畫廊、#ballet：芭蕾舞。

"流行時尚" 專用

以下整理了幾個身為時尚迷一定要知道的 hashtag，透過這些公開的分享，讓你隨時掌握流行趨勢與時尚穿搭。

▶ #wiwt：為 "What I wore today" 的縮寫，主要跟大家分享 "我今天穿了什麼"，對喜歡分享穿搭照的你，這個 hashtag 一定要記下來！

▶ #coffeenclothes：結合 Coffee 與 Clothes 兩個關鍵字，代表去咖啡廳的造型裝扮，其中還能看到甜點、咖啡拉花...等相片。

▶ #makeyousmilestyle：讓你開心的造型，可能是衣服的圖案、顏色、一句幽默的標語...等。

- #shoecrush：這是專為女生所設計的 hashtag，讓她們可以盡情炫耀、大方曬鞋。

- #fashionista：形容敢秀、敢穿，充滿自信的女生，自許時尚達人或品位非凡的人。

- #streetstyle、#streetfashion：街頭穿搭照，將造型與街景或建築做一個整體搭配，是歐美常用的 hashtag。

- #hypelife："hype" 形容熱血、瘋狂、超嗨的事物，所以 #hypelife 即是強調超酷超炫的生活方式，不管是潮流的追隨者或是充滿態度的生活者都可以使用。

- #urbanoutdoor：戶外活動興起，如果你的貼文中有許多戶外元素，像是機能服飾、裝備...等，或是融合時尚元素的穿搭，這個 hashtag 就一定要學起來！

小提示

為什麼多數都使用英文的 hashtag？

由於英文是全球的共通語言，使用英文的 hashtag，才能增加被全世界看到的機會。

利用搜尋、貼文掌握熱門 hashtag

到底要加入哪些 hashtag？除了參考前面二個推薦的 tips，還可以透過以下搜尋或貼文方式，了解大家最愛的關注焦點！

搜尋 hashtag

於 Q 畫面點選 **搜尋** 輸入關鍵字，接著點選 **標籤** 後，除了可以從結果清單看到相關的 hashtag 及貼文數，藉此作為你選用的參考依據；也可以選擇一些大家常用的 hashtag 加入貼文中。

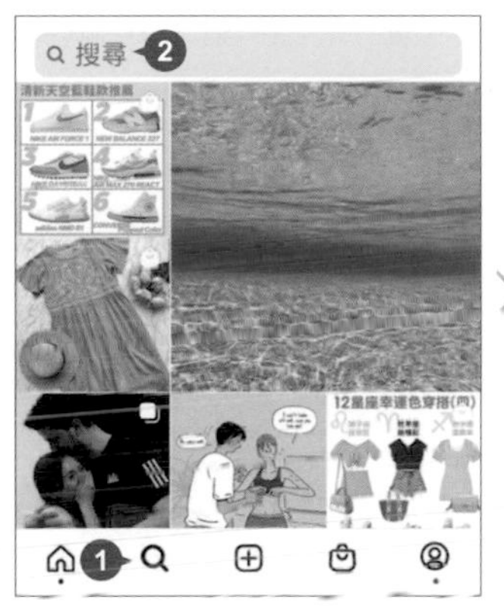

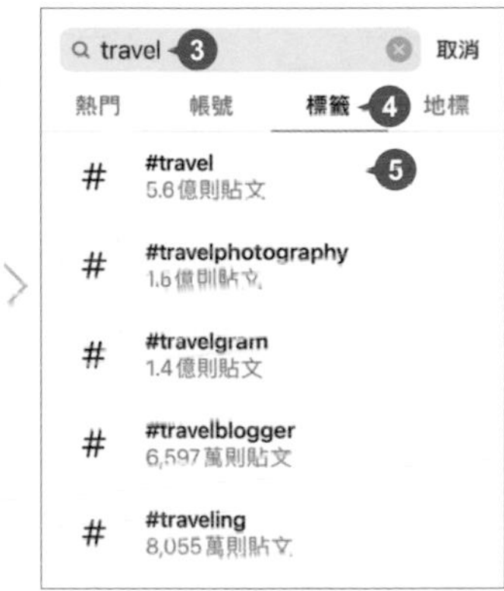

在貼文中搜尋 hashtag

在貼文中輸入 hashtag 時，可以從結果清單看到相關的 hashtag 及貼文數，你可以參考這些數據，選擇有效的 hashtag。

追蹤喜歡的 hashtag

Instagram 可以追蹤人物，也可以收藏感興趣的 hashtag，讓你隨時掌握美食、旅遊...等主題的最新限時動態和熱門貼文。

從貼文進入 hashtag 的追蹤頁面

01 於 畫面的貼文中點選要追蹤的 hashtag，再點選 **追蹤** 呈現 **追蹤中** 狀態。

02 點選 < 返回 畫面，世界各地跟這個有關的標籤內容就會出現在主畫面，縮圖右下角還會加上 "#" 方便區隔。

從搜尋進入 hashtag 的追蹤頁面

於 🔍 畫面點選 **搜尋** 輸入關鍵字，接著點選 **標籤**，選擇要追蹤的 hashtag，再點選 **追蹤** 呈現 **追蹤中** 狀態。

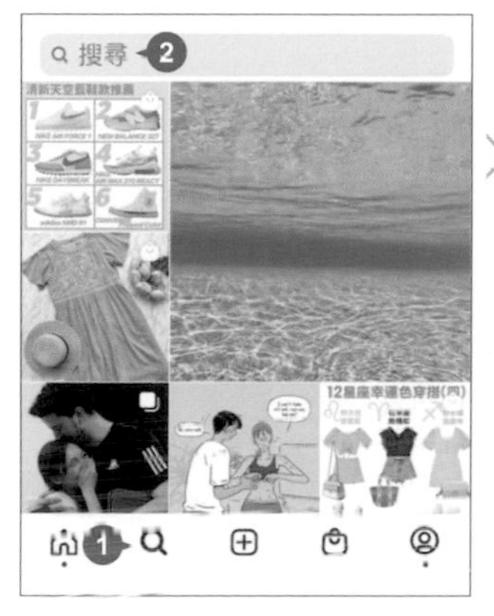

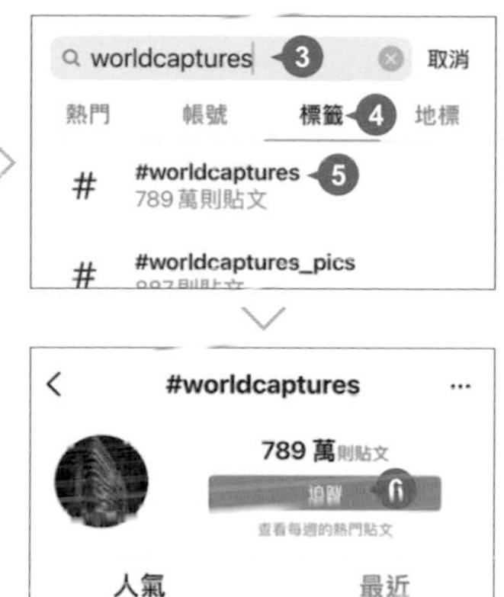

小提示

hashtag 的追蹤頁面

hashtag 的追蹤頁面可以透過 **人氣** 和 **最近** 分類瀏覽貼文內容。**人氣** 是列出瀏覽與點讚數較多的貼文，**最近** 則是列出較新的貼文。

追蹤的 hashtag 哪裡找？

追蹤了喜歡的 hashtag 後，你一定會問：這些追蹤的標籤到底藏在哪裡？趕快跟著以下步驟，找到追蹤的 hashtag 吧！

於 畫面點選 **追蹤中**，接著再點選 **追蹤名單 \ 主題標籤**，就可以進入 **主題標籤** 畫面，找到你先前追蹤的 hashtag。

如果追蹤的 hashtag 變多了，可以於 **搜尋** 列輸入關鍵字搜尋。(清單下方的 **熱門主題標籤** 是 Instagram 推薦的 hashtag，可以在有興趣的帳號右側點選 **追蹤**。)

取消追蹤 hashtag

興趣、喜好都會隨著時間變更，也可刪除一些不常瀏覽的 hashtag 內容。

01 於 畫面點選 **追蹤中**，再點選 **追蹤名單 \ 主題標籤**。

02 點選 **追蹤中** 取消要追蹤的 hashtag，再點選 **取消追蹤**，原來的 hashtag 會恢復成 **追蹤** 狀態。

利用產生器生成熱門 hashtag

要輸入哪些 hashtag 著實讓人傷腦筋，不妨透過產生器自動生成最多人使用又熱門的 hashtag，為你省去麻煩事。

以 "tagsforlikes" 關鍵字搜尋並下載 **熱門標籤：TagsForLikes** 應用程式，或是掃描右側的 QR Code 下載，安裝完成後點選 開啟。

iOS

Android

依照分類查詢與複製 hashtag

以 iOS 系統為例，進入後會看到如下畫面，中間為主要顯示或編輯區域，下方功能列分別有 、、、 和 。

於畫面下方點選 ，編輯區預設顯示 Most popular (最受歡迎)、Nature (自然)、Sky (天空)、...等分類，點選畫面上方 (或下方) 切換 6 種語系，顯示相關 hashtag 分類。

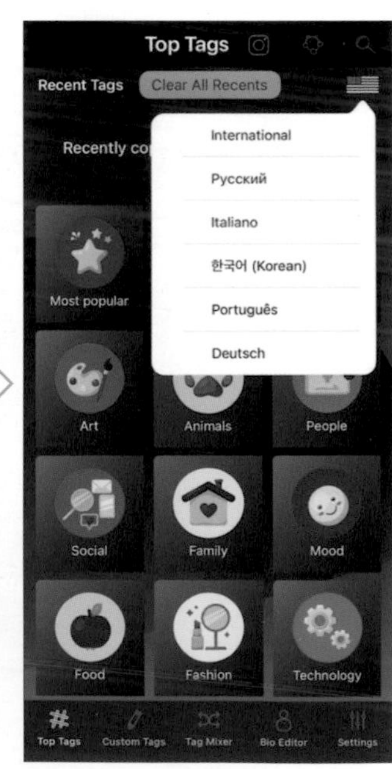

02 以預設的 ▦ 並點選 🌳 為例，選擇符合相片屬性的標記集名稱後，點選 **COPY**，再於畫面上方點選 ◎ 即可開啟 Instagram App 新增貼文與貼上 hashtag。(點選 ❮ 或 ← 可返回前一個畫面)

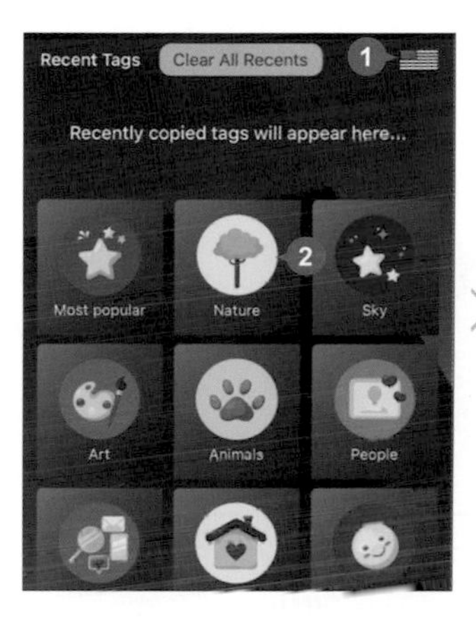

刪減預設的 hashtag 內容

如果想刪除不需要的 hashtag 時，可以取消核選不需要的 hashtag 後，於畫面上方先點選 ◫ 複製，再點選 ◎ 即可開啟 Instagram App 新增貼文與貼上 hashtag。(點選 ❮ 或 ← 可返回前一個畫面)

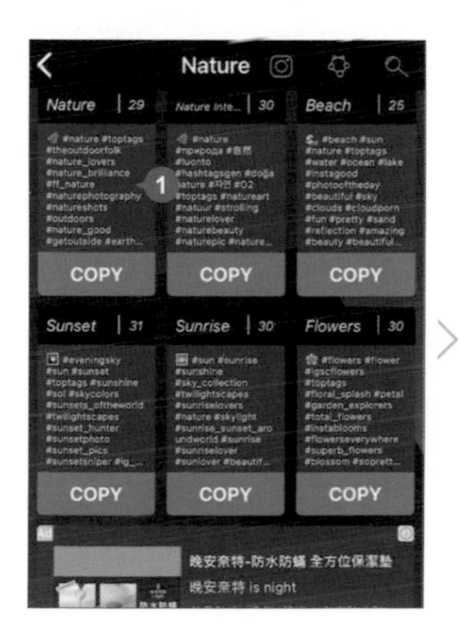

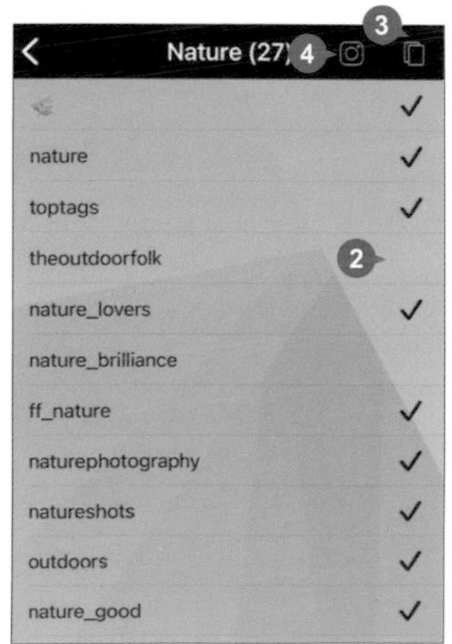

自行定義、編輯與刪除 hashtag

hashtag 除了可以複製預設的內容，也可以自行建立並儲存，方便下次使用。

01 於畫面下方點選 ✎ 和 ＋ (或 ⊞)，輸入標記集名稱與新增的 hashtag 後，點選 **Save**。接著點選 **COPY**，於畫面下方點選 #，再於畫面上方點選 ◎ 開啟 Instagram App 新增貼文與貼上 hashtag。

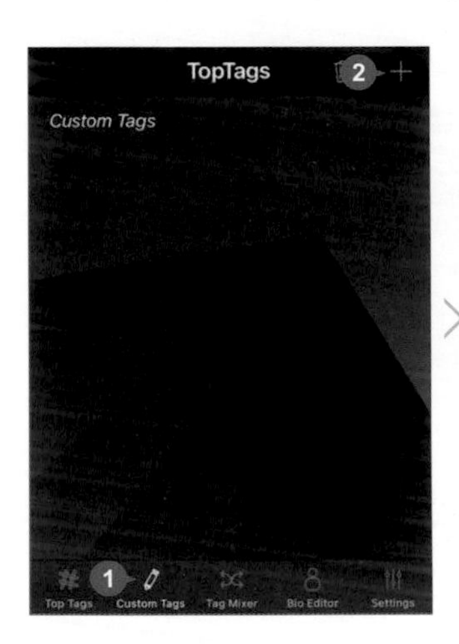

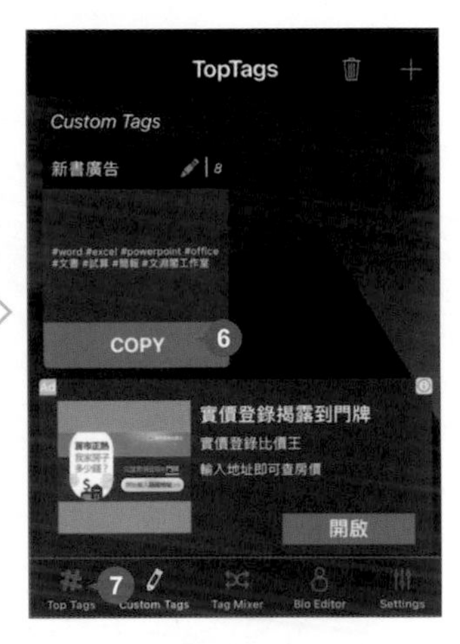

小提示

符號運用與自動插入

在定義與新增 hashtag 的過程中，符號列提供各種符號方便使用。

Android 版本中，若核選 **Auto insert '#' sign**，當完成一個 hashtag 的輸入並換行時，會於文字前方自動出現 '#' (iOS 版本沒有)。

02 要修改先前建立的 hashtag，可以點選 ✎ \ **Edit**；如果點選 **Delete** \ **OK** (或 **DELETE**)，則是移除自行建立的 hashtag。

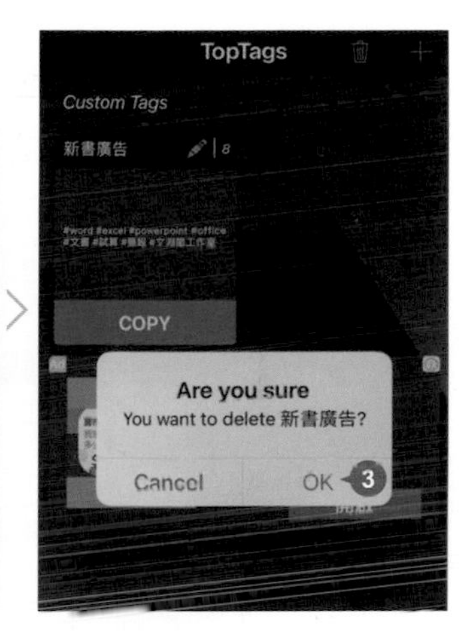

03  如果要刪除全部自行建立的 hashtag，於畫面上方點選 🗑 \ **OK** (或 ☒ \ **DELETE**)。

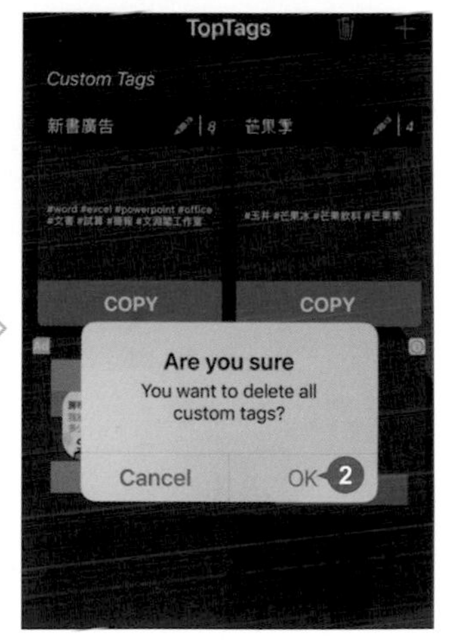

混合 hashtag

不管預設或是自己建立的 hashtag，都可以任意混搭，不需一個個輸入，節省輸入時間。

01 於畫面下方點選 ，可同時看到已建置與自行定義的 hashtag。你可以一一點選 hashtag 右側 将內容陸續新增於上方，或是點選 刪除。

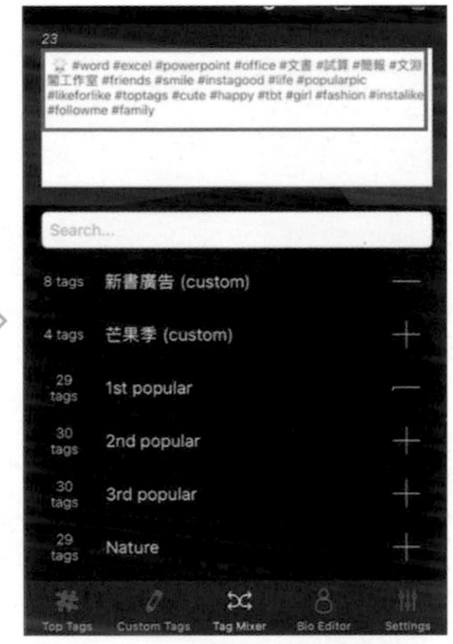

02 編輯完成 hashtag 後，可以於畫面上方點選 ，再開啟 Instagram App 新增貼文與貼上。若想刪除混合的 hashtag，可點選 \ **OK** (或 \ **YES**)。

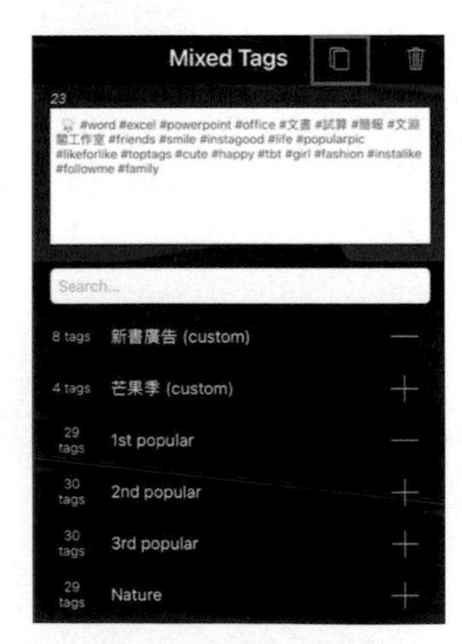

Part

04

限時動態
玩出創意新商機

今天發限時動態了嗎？利用相片、影片分享屬於自己或品牌的故事，加入濾鏡、文字、貼圖、塗鴉、BOOMERANG、超級變焦、多重拍攝、拼貼...等效果建立多次且短暫的限時內容，吸引粉絲目光，增加曝光與宣傳機會。

社群行銷的神兵利器-限時動態

限時動態是目前最熱門的曝光管道，更是店家廣告與宣傳行銷利器，利用充滿趣味與互動性內容，玩出創意新商機。

什麼是限時動態？

限時動態具時效性，上傳的相片或影片內容會以幻燈片型式呈現，並在 24 小時後自動消失，用戶可以隨心所欲分享，更不用擔心留下任何記錄。限時動態不同於一般貼文，無法公開留言或按讚，粉絲只能透過私訊或表情符號發送給該限時動態的上傳者。

限時動態的內容

限時動態呈現多元，包含濾鏡風格、趣味貼圖、各種筆刷、純文字、互動式投票、直播，另外有臉部濾鏡、循環短片、多重拍攝...等特殊效果、甚至是嵌入網站連結；比起一般貼文，限時動態的趣味與互動性更多，也可以藉此增加朋友或追蹤者對自己或品牌的關注。

限時動態的優勢

限時動態自推出以來，每日的活躍用戶一直爆炸性成長，對於想要經營品牌的店家來說，限時動態是一定要掌握的行銷方式。

店家可以藉由限時動態建立品牌故事、分享商品內容；更可以透過 "限時" 特性，讓顧客在特價期間不買可惜的心態下，產生衝動性購買，為商品炒熱話題。如何在短短幾秒抓住顧客目光，降低轉出率，引導 "查看更多" 進入商品連結網站，才是品牌推廣與行銷的最終目的。

將相片或影片上傳到限時動態

透過相片或影片創造屬於自己的 "故事"，個人可以分享生活瑣事；店家可以分享限時折扣...等訊息，吸引消費者並增加互動。

01 於 畫面點選 \ **限時動態**，接著可點按 立即拍照、點按 不放錄影，或點選左側相片庫選擇合適的相片、影片。

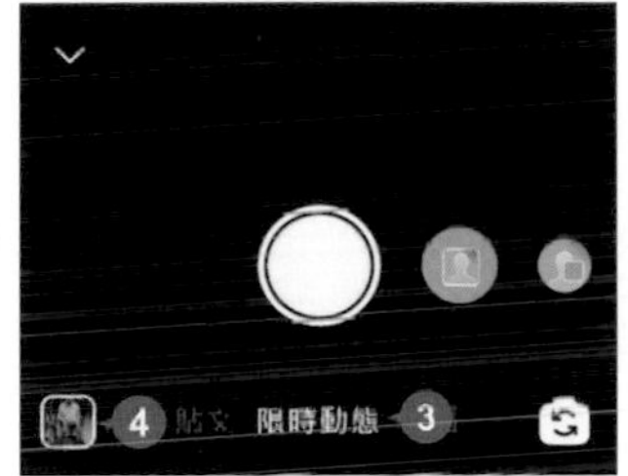

02 利用 、、、、 (影片還多了)，加入連結、特效濾鏡、貼圖、文字或塗鴉 (相關效果於後續 TIPS 介紹)，完成後再點選下方 **限時動態** 傳送。

回到 🏠 畫面，會於限時動態列看到自己的大頭貼出現彩色圓框，代表已有更新的限時動態內容，24 小時後自動消失。

小提示

限時動態上傳後，可以在哪裡看到？

新增限時動態後，大頭貼會出現彩色圓框，瀏覽後即會消失。粉絲可以從以下位置瀏覽限時動態內容：

- **限時動態列**：粉絲可以於 🏠 畫面限時動態列，點選你的大頭貼瀏覽限時動態。
- **分享的貼文**：當你上傳貼文後，粉絲可於 🏠 畫面點選你貼文旁的大頭貼，瀏覽限時動態。

- **個人檔案**：粉絲可以在你個人檔案中點選大頭貼，瀏覽限時動態。

- **訊息聊天室**：粉絲可以在訊息聊天室中點選你的大頭貼，瀏覽限時動態。

將限時動態分享給摯友

限時動態除了可以分享到 Instagram 與 Facebook 的公開社群平台，也可以傳給摯友們私下瀏覽。

限時動態僅限摯友觀看

進入限時動態編輯畫面，待完成編輯要傳送時點選 **摯友**，會將限時動態分享給已指定為摯友的朋友。(摯友名單建立的方式，可參考 P1-20 的操作說明。)

上傳限時動態前編輯摯友

在限時動態編輯畫面加入相片、影片後，也可以編輯摯友名單。

點選 **傳送給**，再點選 **僅限摯友** 下方 ⌄，可以點選 **新增** 或 **移除** 加入或刪除摯友，摯友名單編輯完後，點選 ✕。

02 於 **僅限摯友** 點選 **分享**，再點選 **完成**。當你瀏覽該則限時動態時，會於右上角出現的綠色星號標籤，代表已將該限時動態分享給摯友。而摯友也可以於 畫面限時動態列，看到你的限時動態出現綠色圓框。

我的限時動態誰看過？

帳號如果公開，每位用戶都能看見你的限時動態；帳號如果不公開，只有獲准追蹤的粉絲才能看見你的限時動態。

於 畫面限時動態狀態列，點選自己的大頭貼開啟限時動態，向上滑動可以看到目前每則限時動態的瀏覽人數與名稱。

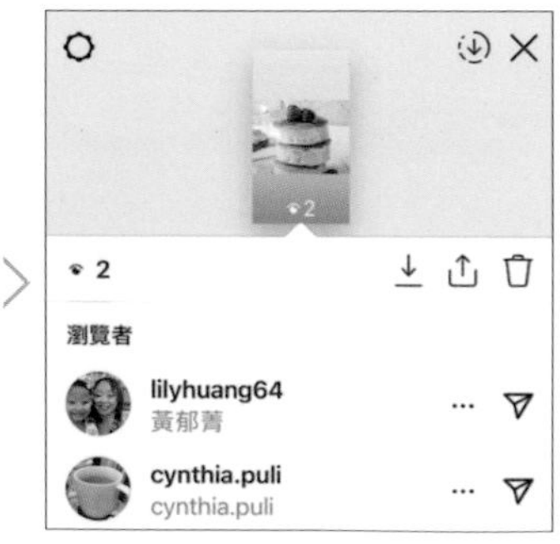

儲存或刪除限時動態的相片或影片

已上傳的限時動態，24 小時後會消失，但仍可以立即刪除或將內容以相片、影片模式備存到手機相簿中。

01 開啟已上傳的限時動態，點選 ⋯ **更多 \ 刪除 \ 刪除**，會刪除這則相片或影片限時動態。

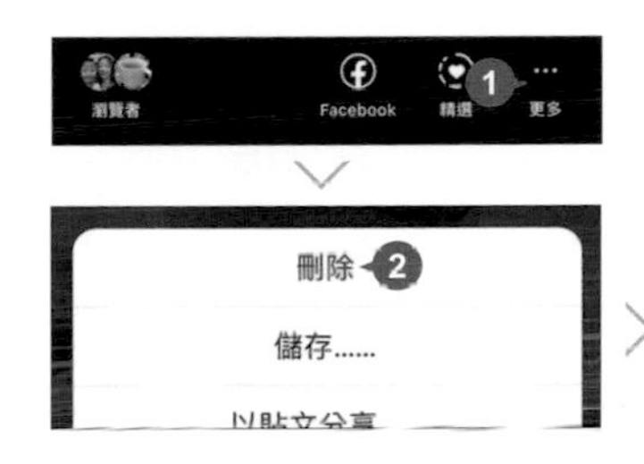

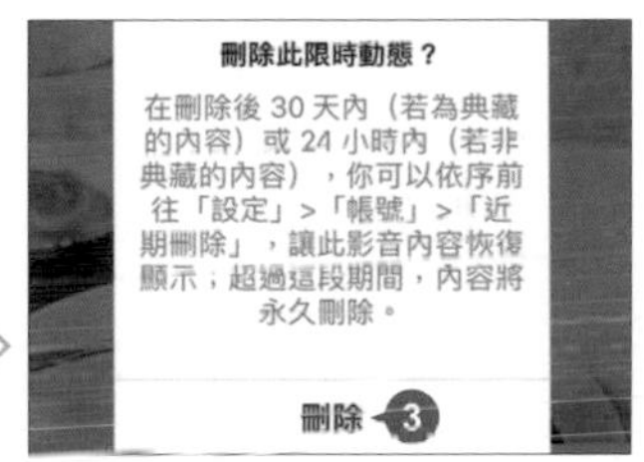

02 如果點選 ⋯ **更多 \ 儲存**，再點選 **儲存相片** (或 **儲存影片**)，會將這則限時動態的相片或影片儲存到手機相簿；若點選 **儲存限時動態**，則會將目前所有的限時動態內容以影片形式儲存到手機相簿 (Android 系統無此功能)。

限時動態上傳前先儲存到手機

進入限時動態編輯畫面，於畫面上方點選 ⤓，可以將編輯好的限時動態 (相片或影片) 先儲存到手機相簿。

將限時動態分享到貼文

限時動態的內容可以直接轉成貼文再次分享，加強該則訊息的廣度，吸引更多人駐足瀏覽。

開啟已上傳的限時動態，點選 **更多 \ 以貼文分享**，接著縮放顯示的相片比例，點選 **下一步**。

之後套用濾鏡、加上相片說明和地標後點選 **分享** 完成貼文。

將限時動態分享給朋友

限時動態可以指定分享給目前你追蹤中的朋友，並傳送到你們彼此的訊息聊天室中。

開啟已上傳的限時動態，點選 **更多 \ 傳送給**，核選要分享的朋友與輸入訊息內容後再點選 **傳送** (Android 系統需先輸入內容，再於要分享的朋友右側點選 **傳送**。)。

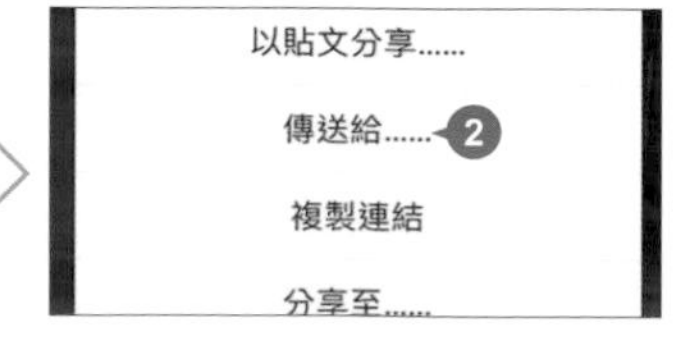

將朋友的貼文分享到我的限時動態

如果朋友是公開帳號，並且允許他人轉貼的情況下，能將朋友的貼文分享到自己的限時動態。

01 於 畫面，朋友貼文下方點選 \ **將貼文新增到你的限時動態**。

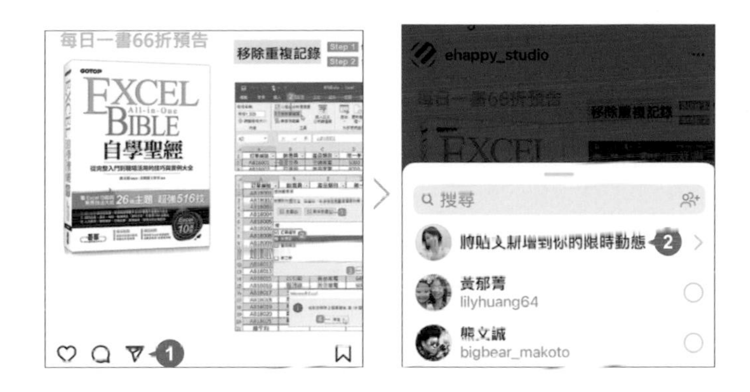

02 上傳到限時動態前 (下方會顯示原貼文的用戶名稱與連結)，可以點一下相片改變樣式 (只有二款)，或用手指縮放調整大小、旋轉畫面，還可以加入其他特效，完成後點選 **限時動態**，開始上傳。

取消其他人將你的貼文轉貼到限時動態的權限

首先於 畫面點選 ☰ \ **設定**，再點選 **隱私設定**，確認帳號隱私狀態：

若為 **不公開帳號** 則會自動關閉他人轉貼限時動態的權限；若想保持帳號公開，則需如下手動關閉，取消其他人將你的貼文轉貼到他們的限時動態的權限。

返回 **隱私設定** 畫面，點選 **限時動態**，再點選 **允許轉貼到限時動態** 由 呈 狀。

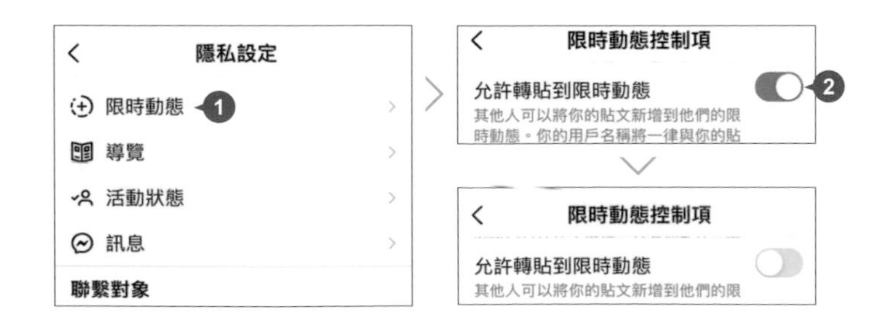

典藏與精選限時動態

典藏 可以儲存限時動態，讓你隨時回顧發表過的動態，再透過 **精選** 分類整理典藏的內容。

典藏限時動態

基於 24 小時後隨即消失的特性，如果要將上傳的限時動態完整保留，可以開啟 **典藏** 功能自動儲存上傳的限時動態，省去手動儲存的麻煩，也能重新上傳或轉貼。

01 於 ◉ 畫面點選 ☰ \ **典藏**。

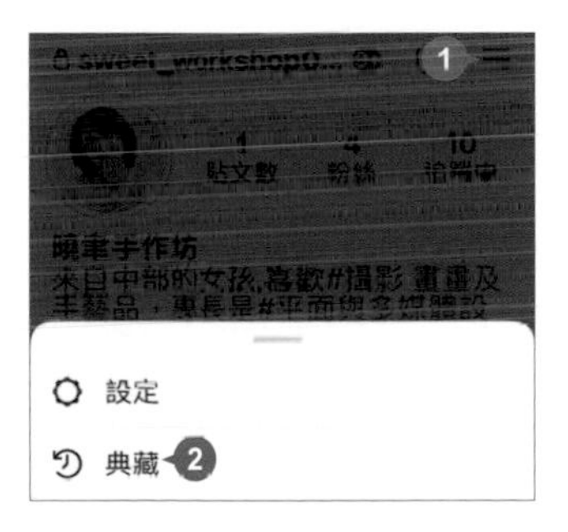

02 點選 ⌄ \ **限時動態典藏**，即可瀏覽已儲存的限時動態，預設會將曾經發佈的限時動態儲存於此處。

03 若發現限時動態並沒有自動儲存到 **典藏**，可以點選 ⋯ \ **設定**，將 **將限時動態儲存到典藏** 由 ⚪ 切換呈 ⚫ 狀。

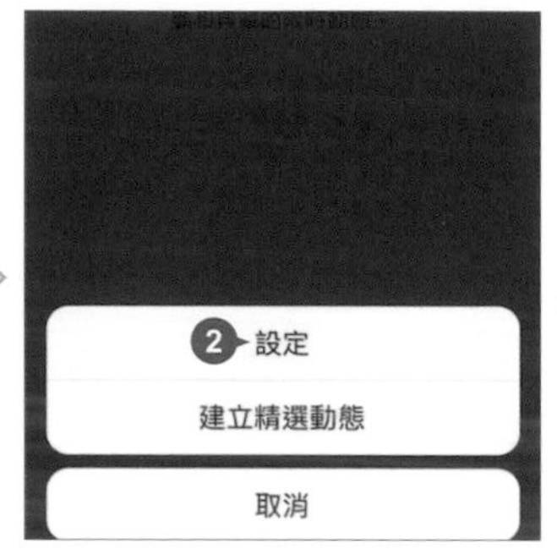

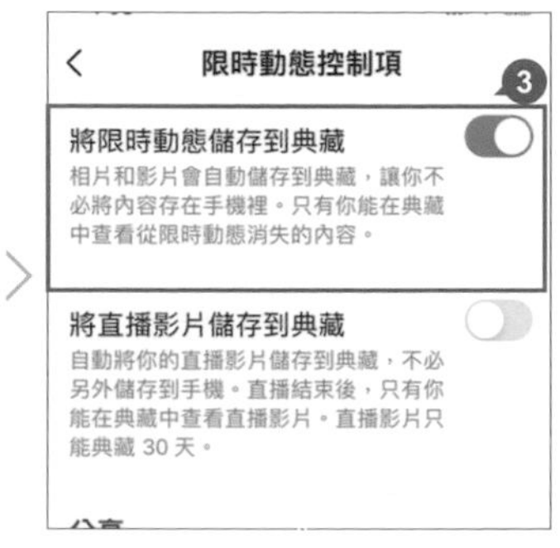

精選動態

加入 **典藏** 的限時動態，才可以進一步挑選到個人檔案的精選動態中呈現，讓你的粉絲也能再次瀏覽保留下來的限時動態。

01 於 👤 畫面點選 ＋，接著點選一個或多個要加入此精選動態項目中的典藏內容，點選 **下一步**。

02 點選 **編輯封面**，從現有的限時動態相片選擇或點選 🖼 從手機中選擇相片後，拖曳調整大小與位置，點選 **完成**。

03 最後為精選動態命名，點選 **新增** (或 **完成**) 返回個人檔案畫面，可看到新建立的精選動態，剛剛點選的典藏內容已整理在其中。

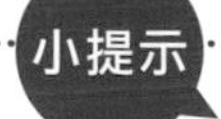

小提示

另一種新增或加到精選動態的方式

開啟已上傳的限時動態，點選 🔘 **精選** 一樣可以新增或加到目前精選動態項目。(如果顯示 🔘 代表已加入精選動態)

分享或刪除典藏限時動態

典藏的限時動態，可以重新上傳、傳送給朋友或轉貼到一般貼文分享，想要刪除也沒問題！

01 於 畫面點選 \ **典藏**，點選一個想要分享或刪除的限時動態。

02 點選 **分享**，可以重新上傳限時動態，或選擇要分享的對象，再依畫面指示操作。

03 點選 **更多**，再點選 **以貼文分享** 可轉貼至一般貼文分享或 **刪除** 可刪除典藏的限時動態。

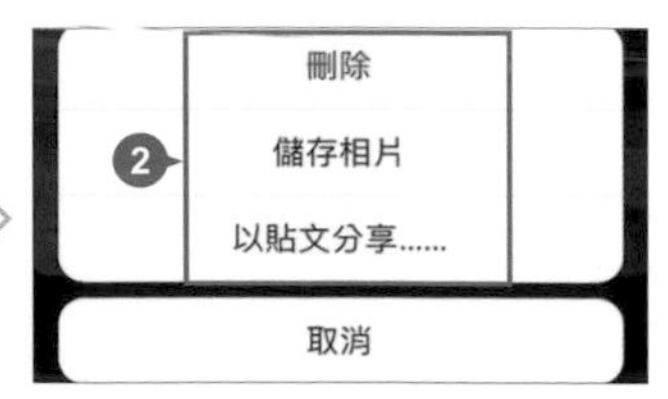

編輯或刪除精選動態

精選動態的封面、名稱可以修改，還可以移除或新增其他典藏的內容，不需要的精選動態也能直接刪除。

01 於 ● 畫面長按要編輯或刪除的精選動態，會出現編輯清單。

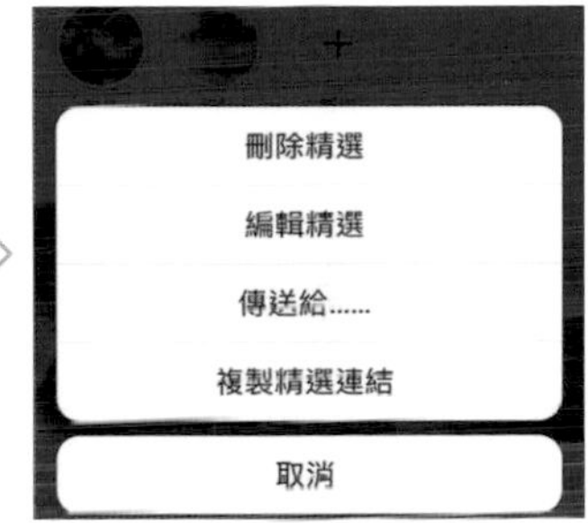

02 點選 **刪除精選** 會將該則精選動態從精選動態列移除。

03 點選 **編輯精選**，除了可以重新 **編輯封面** 與 **名稱**，還可以透過 **限時動態** (或**加入**) 新增更多相片或影片至該則精選動態 (呈 ✓ 狀即保留或新增，呈 ○ 狀即移除。)，最後再點選 **完成**。

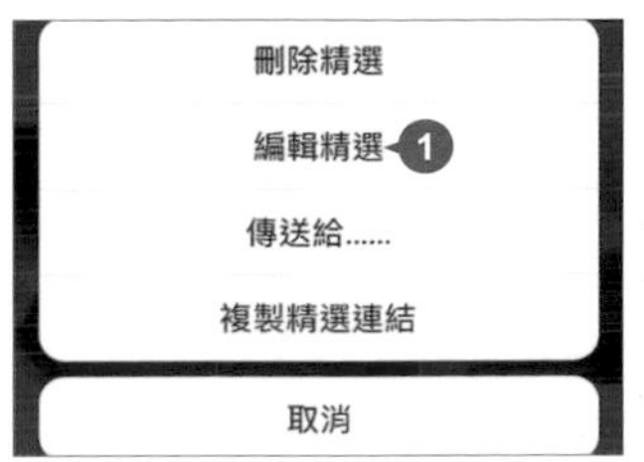

使用地圖、日曆回顧限時動態內容

發佈過的限時動態，可以藉由日曆上的日期縮圖查看；曾經標註地點的限時動態，會在地圖相對應位置以縮圖呈現，方便瀏覽。

01 於 畫面點選 ☰ \ **典藏**，在 **限時動態典藏** 點選 ，曾經發佈限時動態的日期，會以縮圖表現，點選即可看到該則限時動態內容。

02 點選 ，曾經發佈過的限時動態有標註地點 (可參考 P4-21 操作說明)，會在地圖相對應地點顯示縮圖，點選即可看到該則限時動態內容。若地圖上某區域的限時動態太過密集，則會以藍色數字標示並歸納在一起，只要放大地圖能看到個別的限時動態。

內建濾鏡效果

Instagram 內建濾鏡提供了多種樣式，左右滑動限時動態馬上套用又美又夯的色調！

進入限時動態編輯畫面，加入相片、影片後，向左或向右滑動可為目前的相片、影片套用不同濾鏡。

貼圖、動畫讓限時動態變有趣

加入可愛貼圖、GIF 動畫，讓單純的相片或影片變得活潑有趣。

01 進入限時動態編輯畫面，加入相片、影片後，點選 會看到如右圖畫面，上下滑動可以瀏覽各種貼圖。

02 點選貼圖後會出現在相片或影片上，可以拖曳移動位置，或左右旋轉角度、內外縮放調整顯示比例，不需要的貼圖可直接拖曳到下方 🗑 中刪除。

03 如果想要加入 GIF 動畫豐富限時動態的內容，可以點選 ☺ \ **GIF**，在 GIPHY 搜尋列輸入關鍵字，點選要出現在相片或影片上的動畫。

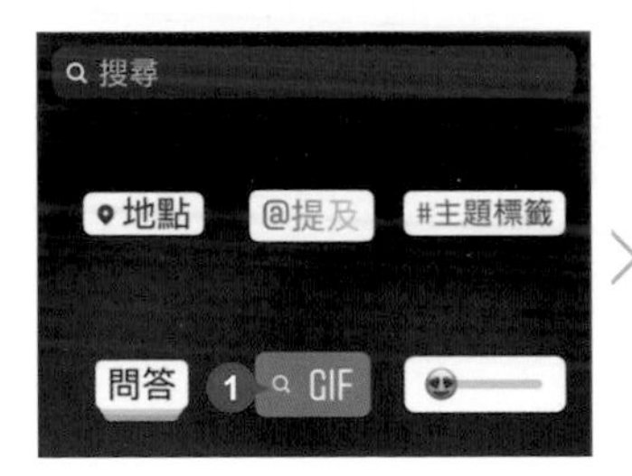

一樣拖曳移動位置，或左右旋轉角度、內外縮放調整顯示比例，完成佈置。

小提示

搜尋貼圖或動畫

點選 ，再點選上方搜尋列，會顯示 **最近用過** (或 **熱門貼圖**) 清單，輸入關鍵字後，會出現相關的貼圖、表情符號或 GIF 動畫。

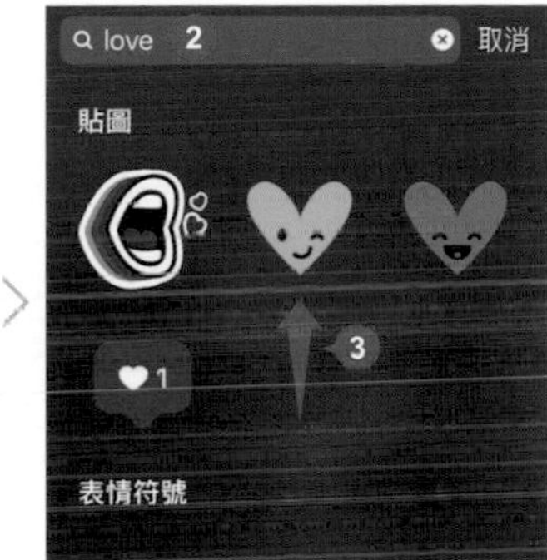

點選貼圖切換表情或方向

有些貼圖多點幾次會顯示該組合的不同表情或圖案 (但不是每個貼圖都可以)；有些貼圖點選後則會左右翻轉。

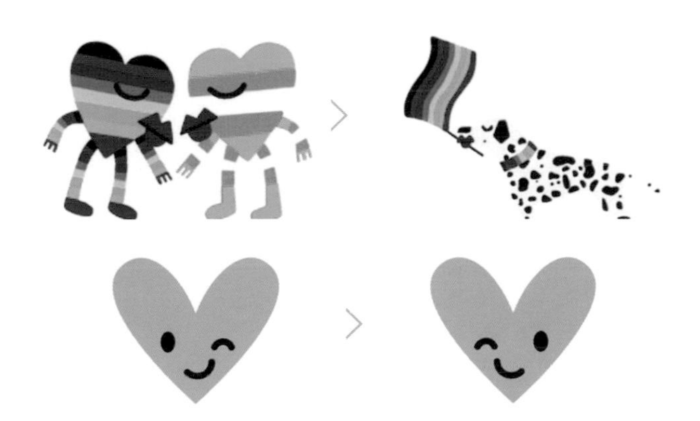

將自拍變貼圖

在限時動態中利用自拍產生貼圖，將多張相片組合在一起，產生影像重疊的創意效果。

01 進入限時動態編輯畫面，加入相片、影片後，點選 ![] \ **自拍照** 自動切換到前置鏡頭 (Android 系統的圖示為 ![])。

02 點選圓框背景可更換色彩；下方表情圖案左右拖曳，可為自拍照套用動態效果。確定拍攝內容後，點選下方 ∞ 完成拍攝 (若點選 ![] 會開啟計時器倒數拍攝)，點選 ↑ 可加入自拍照；點選 ![] 可重新拍攝；點選 ![] 可儲存自拍貼圖 (Android 系統目前只能點選自拍相片變更外框樣式)。

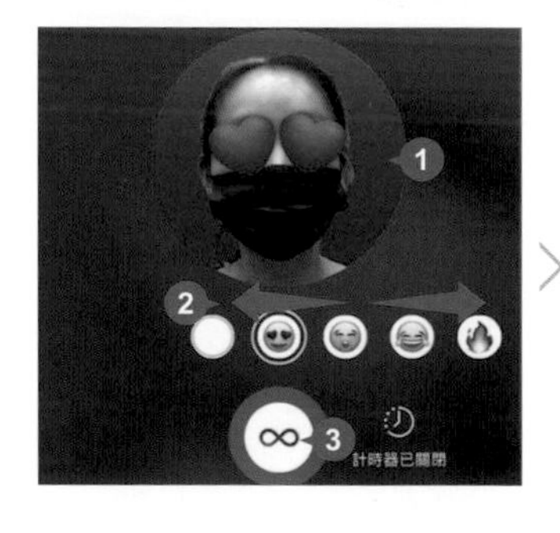

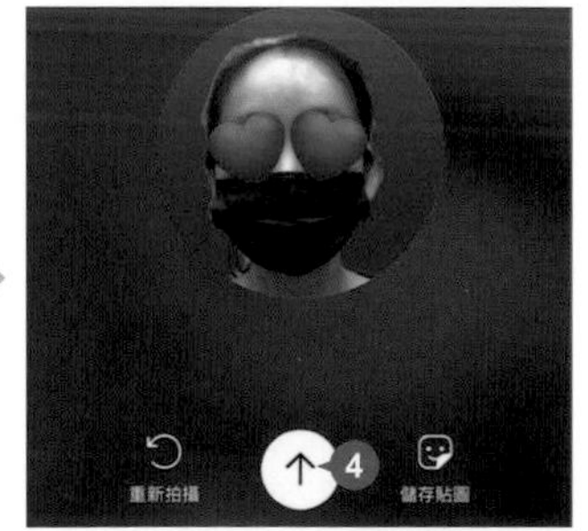

03 產生的自拍貼圖一樣可以拖曳移動位置，或左右旋轉角度、內外縮放調整顯示比例，當然也可以重覆相同操作，產生多個自拍照，為限時動態畫面增添趣味。

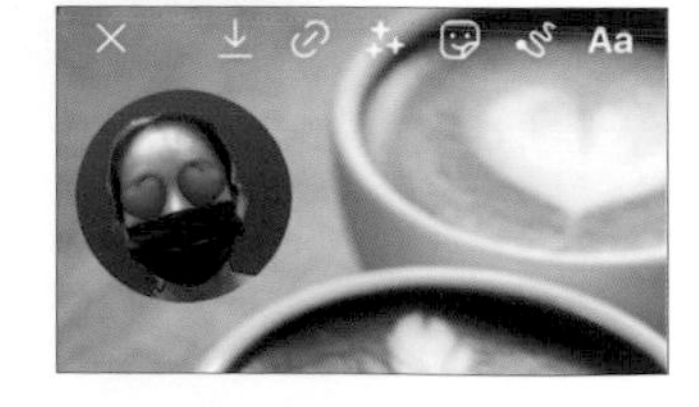

標註時間、地點、hashtag

加入時間、地點或 hashtag...等資訊，讓粉絲可以在限時動態找到感興趣的地點或 hashtag 內容。

進入限時動態編輯畫面，加入相片、影片後，點選 ，再分別點選 **時間**、**地點** 及 **#主題標籤**，可在相片或影片上標註相關資訊，之後可以點選貼圖數次變更樣式與顏色，或拖曳移動位置、左右旋轉角度、內外縮放調整顯示比例。

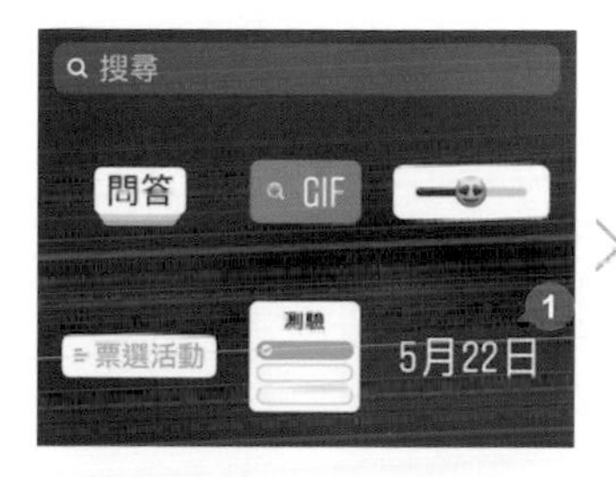

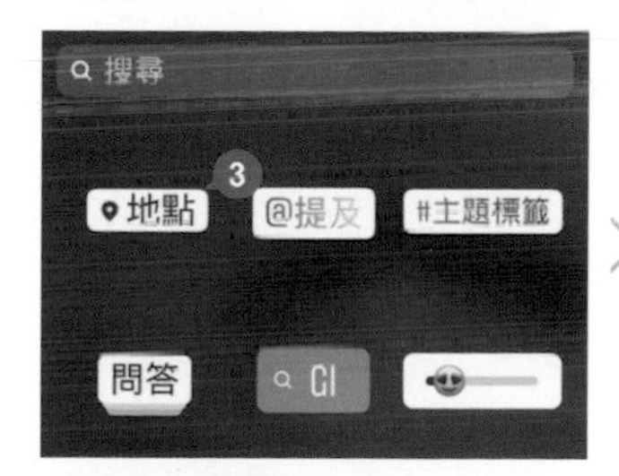

善用力挺小商家貼圖推薦喜愛店家

Instagram 官方推出 "力挺小商家" 限動貼圖，讓用戶可以藉此標註與支持喜愛店家。

01 進入限時動態編輯畫面，加入相片、影片後，點選 \ **力挺小商家**，在 "@" 後方輸入店家的 Instagram 商業帳號 (部分創作者帳號無法標註)，輸入過程中會於下方出現搜尋結果，點選要分享的店家帳號後，再點選 **完成**。

02 力挺小商家的貼圖，可以透過點選，切換二種模式，完成後再點選下方 **限時動態** 傳送。被你標註的店家預設會收到通知，而其他用戶在瀏覽此限時動態，點選力挺小商家貼圖時，底部會直接跳出店家簡介，也可以直接點選 **追蹤**。

加入塗鴉或手寫文字

看膩了標準字體，也可以利用塗鴉繪圖或加入手寫文字，為限時動態加點創意。

01 進入限時動態編輯畫面，加入相片、影片後，點選 。

02 繪製圖案或手寫文字時，先點選畫面上方 、、、 其中一種筆觸，接著上下拖曳左側滑桿調整畫筆粗細，並於畫面下方左右滑動瀏覽與點選色票後，即可隨意塗鴉，過程中畫錯了可以點選 擦除，最後再點選 **完成**。

快速填滿單色或半透明背景

選擇顏色填滿單色或半透明背景，再用橡皮擦把要留下的區域擦出來，能設計出充滿層次感的影像效果。

01 進入限時動態編輯畫面，加入相片、影片後，點選 ，接著點選 ，再於畫面下方點選喜歡的顏色。

02 在相片或影片上點住約 3 秒即會將整個畫面填滿顏色 (若點選 則是會填滿半透明顏色)，再點選 並調整大小，擦出要顯示的範圍，最後點選 **完成**。

豐富限時動態的文字效果

利用樣式、色票、底色、動態文字...等效果，建立具有設計感的文字，並運用在限時動態中。

01 進入限時動態編輯畫面，加入相片、影片後，點選 Aa 輸入文字，可點選下方文字樣式套用，或點選上方 ●、☰ 設定顏色與對齊方式。

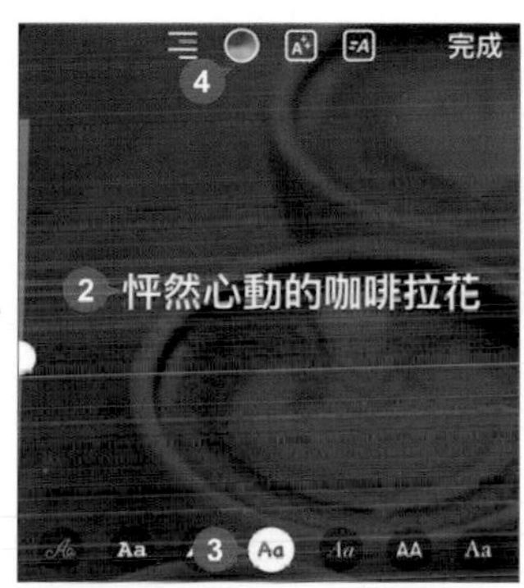

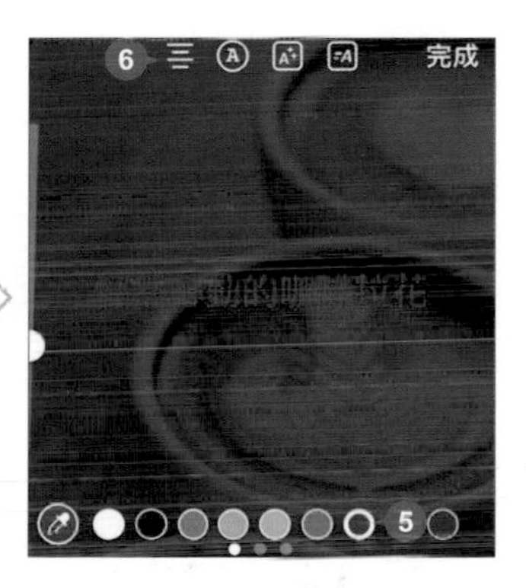

02 另外點選 A 可以為文字加上底色樣式；點選 ≡A 可以產生動態文字；如果想要試試其它文字樣式的呈現效果，可以點選 Ⓐ，利用下方文字樣式切換瀏覽，最後點選 **完成**。

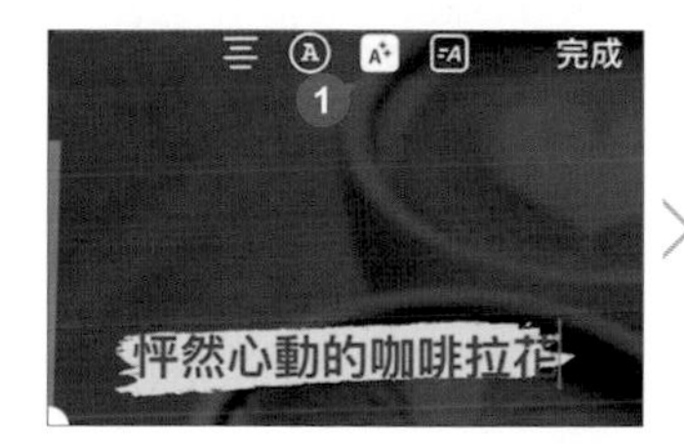

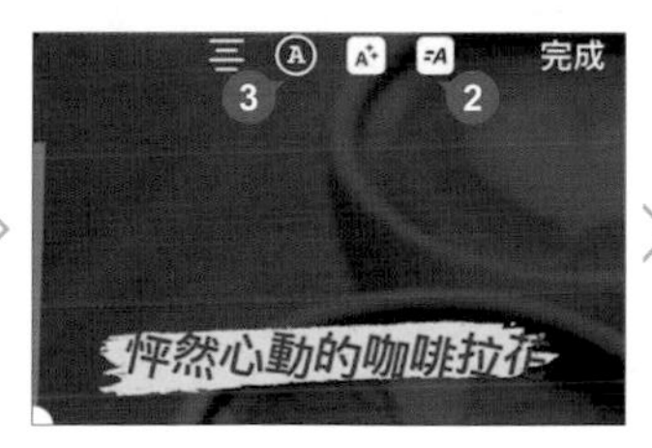

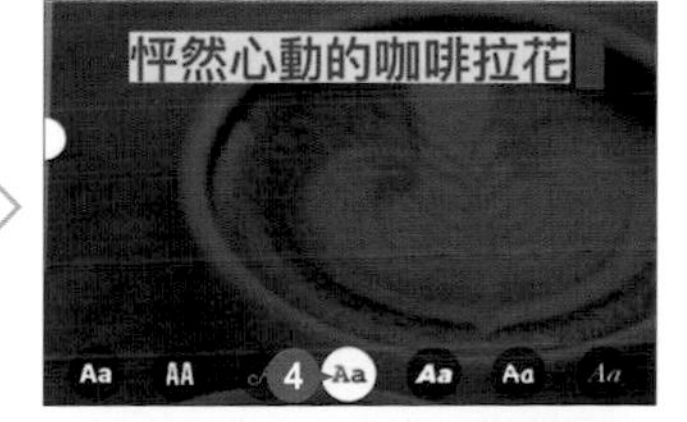

拖曳調整文字的位置、角度、大小，如果想修改文字套用的樣式，可以直接點選文字重新進入編輯畫面。

顏色多樣化：滴管和調色盤

為文字或手繪圖案設定顏色時，除了套用色票，還可以透過滴管工具與調色盤，讓顏色選擇更多樣化。

用滴管吸取畫面顏色

01 進入限時動態編輯畫面，加入相片、影片後，點選 ，再點選畫面上方 、、、 其中一種筆觸。

02 點選 ，拖曳畫面上的小圓圈至想要吸取顏色的位置後放開，完成選擇。

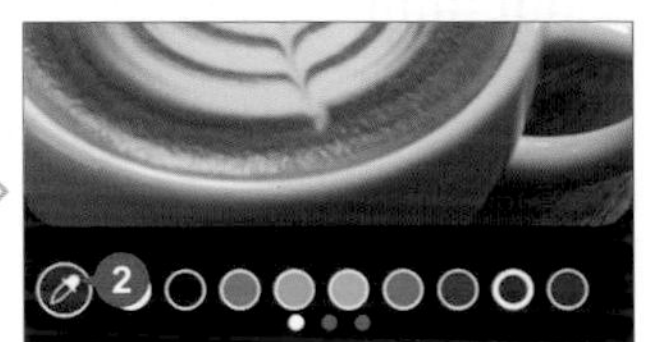

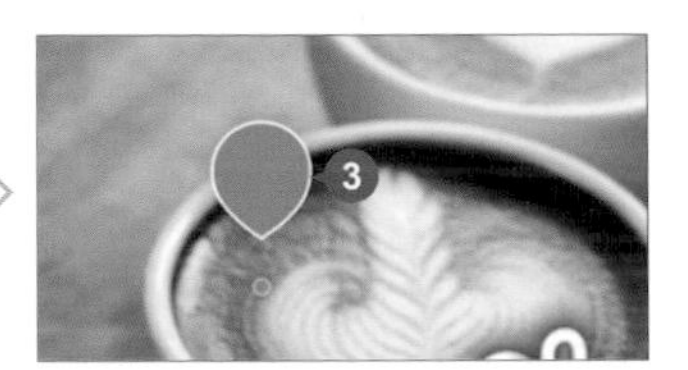

開啟隱藏調色盤

01 進入限時動態編輯畫面，加入相片、影片後，點選 ，再點選畫面上方 、、、 其中一種筆觸。

02 點住某一個色票 3 秒，在出現的調色盤中拖曳小圓圈至想要的顏色後放開，完成選擇。

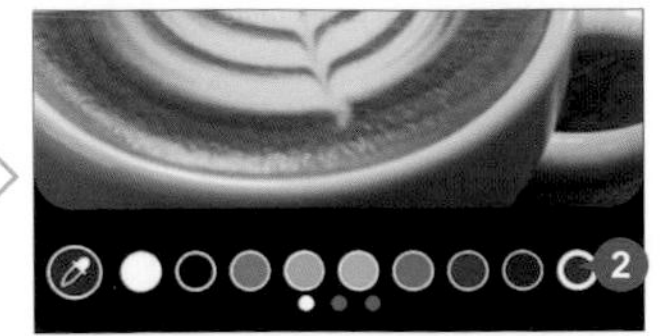

建立霓虹、陰影...的文字限時動態

除了相片或影片類型的限時動態，也可以套用霓虹、陰影、漫畫或各式底框...等藝術效果的純文字限時動態。

01 於 畫面點選 ＋ \ **限時動態**，再點選 Aa。

02 於畫面中間點選輸入文字後，下方設定文字樣式 (或上方點選樣式名稱切換)，再透過 、、 設定對齊、顏色與底色，完成後點選 **下一步**。

03 除了可以利用 、、、Aa 豐富文字內容，也可以點選 ，套用不同背景顏色，最後再點選下方 **限時動態** 傳送。

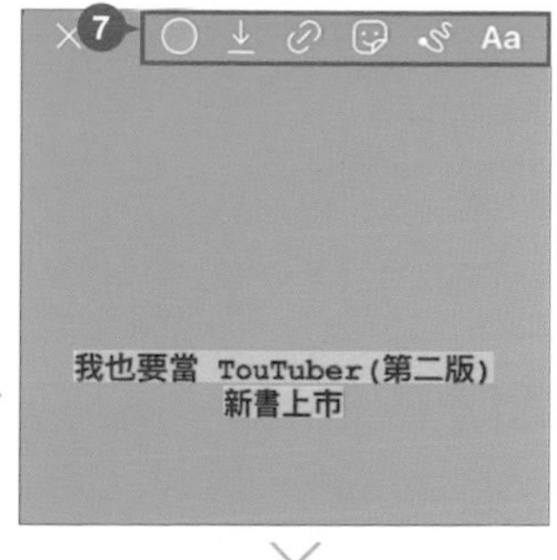

網美必備！有趣多樣化的臉部濾鏡

Instagram 的臉部濾鏡，可以讓你在自拍時，輕鬆加入有趣又好玩的效果。

01 於 🏠 畫面點選 ⊕ \ **限時動態**，切換到手機前置鏡頭。

02 目前提供多款自拍濾鏡，不僅可以變身星際大戰尤達寶寶、冰雪奇緣艾莎、高飛動物臉...等裝扮，還可以套用美膚、美顏、光線...等特效，點選合適的濾鏡項目，再依畫面提示完成操作，最後點選 ◯ 拍照取得相片。

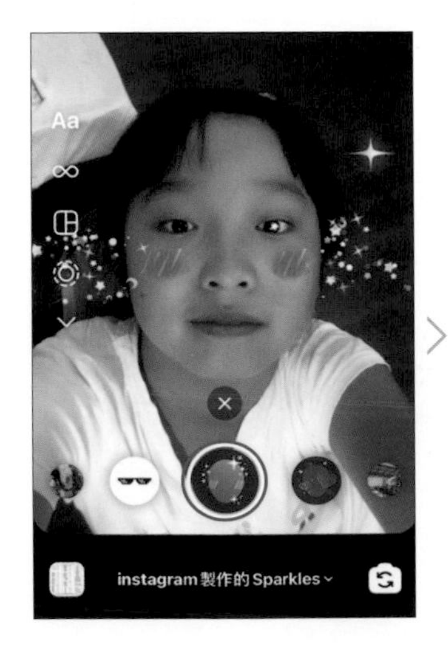

BOOMERANG 拍出趣味循環短片

利用 **BOOMERANG** 連拍多張相片，製作出 4 到 5 秒循環播放的有趣迷你短片。

01 於 畫面點選 \ **限時動態**，再點選 \ **Boomerang**。

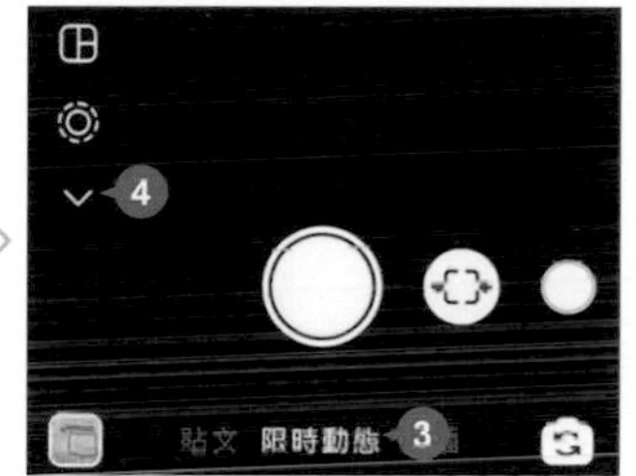

02 點選 開啟相機連拍模式，在螢幕閃爍過程中拍攝 4 到 5 秒的連拍，結束後可預覽循環播放的短片。

超級變焦拍出搞笑影片

超級變焦 利用前後鏡頭拍攝出 "Zoom in" 效果，再搭配 **彈跳**、**節奏**、**火熱**...等特效與音效，製作出幽默搞笑的限時動態。

01 於 畫面點選 \ **限時動態**，再點選 \ **超級變焦**。

02 點選其中一款特效，再點選 ，這時畫面會自動拉近、套用效果並錄製影片 (一開始如果點住 ，超級變焦的影片時間會延長。)，結束後隨即預覽。

多重拍攝，一次發佈多則限時動態

多重拍攝 可以一次拍攝最多 8 張相片，不管透過編輯或刪除，保留最滿意的一張；或是一次上傳全部，呈現連續或故事性的新玩法！

01 於 畫面點選 ＼ **限時動態**，再點選 ＼ **多重拍攝**。

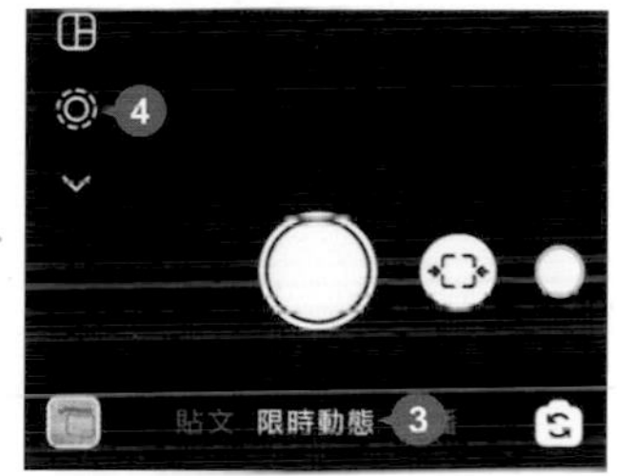

02 確定拍攝畫面後，可連續點選 拍攝最多 8 張相片，之後點選 **下一步**，在想刪除的相片上點二下，再點選 可移除；或直接點選 **下一步**，點選 **限時動態** 旁的 **分享** 和下方 **完成**，將相片全部上傳。

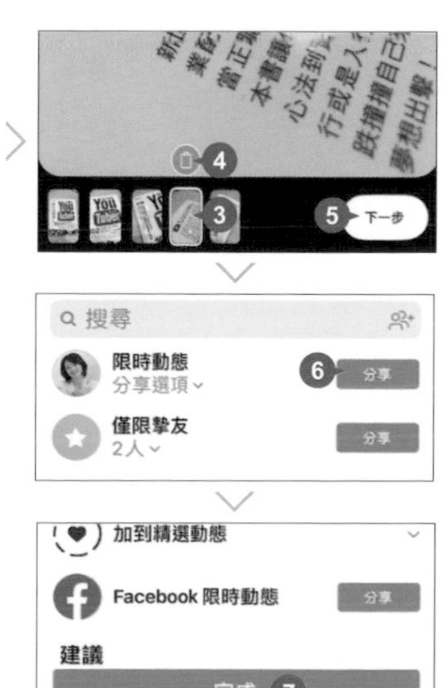

拼貼限時動態相片，讓多張變一張

想在限時動態呈現相片拚貼效果？不用靠其他後製 App，只要利用模版，可以將好幾張照片編排成一張！

01 於 畫面點選 ＼ **限時動態**，再點選 ，出現拼貼模版，點選 **變更網格** 可切換為 2、3、4，最多到 6 的網格呈現方式。

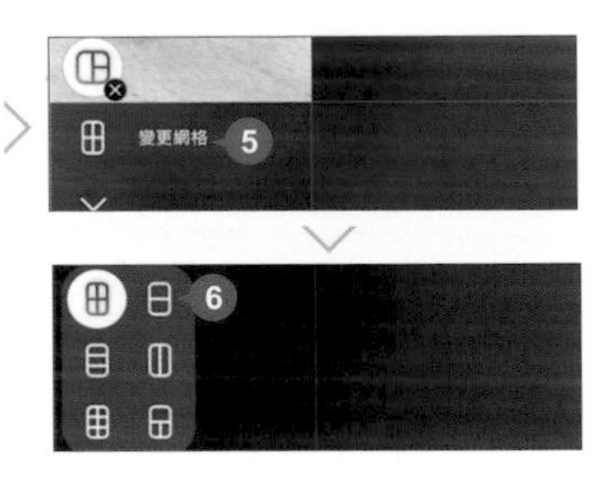

02 接著點選左下角相簿，選取需要的相片；或是直接拍照進行拼貼，待完成後點選 ，最後在限時動態編輯畫面，加入其他效果與傳送。

快速切換限時動態

想快速瀏覽，或略過一些不感興趣的限時動態嗎？透過不同手勢可快速切換限時動態內容。

切換下一則、上一則

於限時動態畫面點選左右二側，可以切換該用戶上、下則的限時動態。

切換下一位、上一位

於限時動態畫面點住左右二側滑動，可以快速切換至前後用戶的限時動態。

暫停限時動態慢慢看

限時動態會自動播放，內容還沒看清楚可能就跳到下一則了，如果想仔細瀏覽，可以一指暫停畫面。

於限時動態畫面點住任一處不放，可以暫停播放的內容！

用表情符號快速傳達心情

限時動態不同於一般貼文可以公開回應，如果想要傳達心情給對方，可以私下傳送訊息或表情符號。

於限時動態畫面向上滑動 (或點選 **傳送訊息列**)，點選表情符號 (點選 ⊞ 瀏覽更多) 快速傳達心情。

店家接單新服務，一鍵導引外送平台

店家只要是商業帳號，可以在限時動態上加上 **點餐** 貼圖，讓用戶點選，並連結到店家合作的外送平台網址訂餐。

一般想在限時動態上加上外部連結，粉絲需超過一萬人，目前 **點餐** 貼圖並無此人數限制，只要是商業帳號 (相關內容可參考 P7-19)，店家可以透過外送平台增加訂單，用戶則是可以直接訂餐。

01 進入限時動態編輯畫面，加入商品相片、影片後，點選 ☺ \ **點餐**，接著點選合作的外送平台。

02 輸入店家外送平台的連結網址 (需透過瀏覽器複製網址)，點按二次 **完成**，最後再點選下方 **限時動態** 傳送。當用戶或粉絲看到限時動態中的 **點餐** 貼圖，點選可前往指定的外送連結 (若手機中有安裝外送平台 App 則會開啟 App 首頁，若無則會以瀏覽器開啟店家平台頁面)，也可以轉貼到自己的限時動態分享。

限時動態加入對外連結，創造商機

用戶在店家的限時動態看到不錯的商品活動，如果可以直接購物或觀看更詳細畫面，便可為店家創造更多商機。

在限時動態加入連結的方法有四種：

- 當粉絲超過 10,000 人，進入限時動態編輯畫面，加上相片、影片後，點選上方的 🔗 並輸入連結網址，上傳後，該則限時動態下方就會出現 "查看更多"。

- 申請認證帳號 (藍勾勾)：只要帳號是 "重要公眾人物"、"名人"、"知名品牌" 或真實身份，可以透過申請 Instagram 驗證獲得藍勾勾 (可參考 P1-24 操作說明)，成功申請後，即使沒有 10,000 個粉絲也可以在限時動態加入連結。

- 限時動態的廣告投放 (需為商業帳號)：透過付費刊登廣告的方式推廣限時動態 (可參考 P7-35 操作說明)，限時動態即會出現外部連結。

- 利用 IGTV 影片在限時動態加入連結：如果粉絲沒有超過 10,000，又不想花錢買廣告時，可以透過連結 IGTV 影片的方式，讓限時動態可以 "往上滑" 開啟連結將用戶帶到 IGTV 上觀看商品推廣影片，以下將說明此方法的操作：

01 先準備一段一分鐘以上的影片，內容與要搭配的限時動態相關，接著於 👤 畫面點選 ＋ \ **IGTV 影片**。

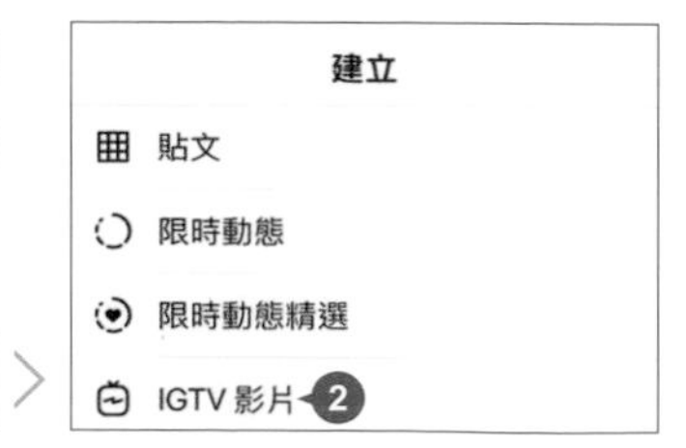

02 點選手機內欲上傳的影片 (未滿一分鐘的影片無法被點選)，預覽影片內容後點選 **下一步**，接著從影片影格或是手機相簿內選擇影片封面後，點選 **下一步**，最後輸入影片標題，並貼上官網或其它對外連結的網址，點選 **發佈**。

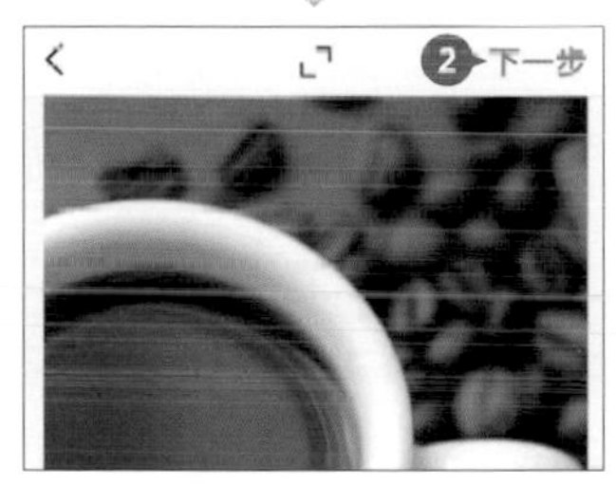

發佈成功的 IGTV 影片，可以於 畫面點選 (或) 看到。

03 進入限時動態編輯畫面，加入相片、影片後，佈置內容時可以利用 搜尋「swipe up」關鍵字，加入 "向上滑" 的貼圖，之後點選 \ **+IGTV 影片**，再點選剛才上傳的影片，最後點選 **完成** 與發佈。

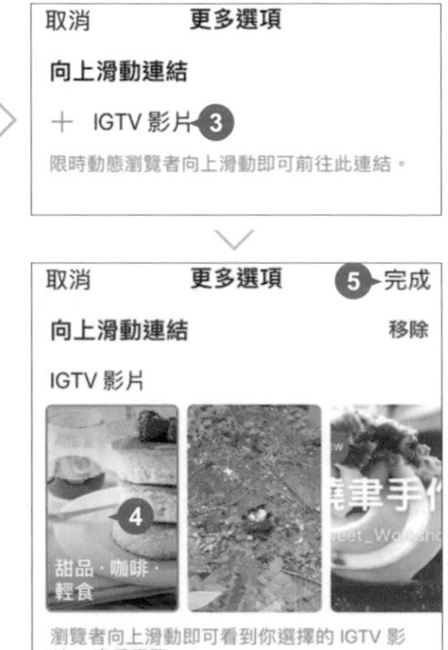

當用戶瀏覽你的限時動態時，會於下方看到 **觀看影片**，只要往上滑 (或點選 **觀看影片**) 會自動開啟 IGTV 影片，這時只要點選影片標題，可以看到連結網址，點選後即會開啟所屬網頁。

Part

05

直播視訊與探索 IGTV

透過 IGTV 與直播呈現商品特色、即時分享生活每一刻。隨著網紅影響力，許多品牌也會藉此方式加強與顧客的互動和提升品牌辨識度。

觀看直播視訊

觀看直播視訊時，可以發送愛心、留言給喜歡的直播主，加強彼此之間互動。

追蹤的對象分享直播視訊時，會於限時動態列顯示他們的大頭貼，周圍還會出現彩色圓框和 "直播中" 文字，點選即可觀看直播。點選畫面下方，可以留言給直播主或點讚。

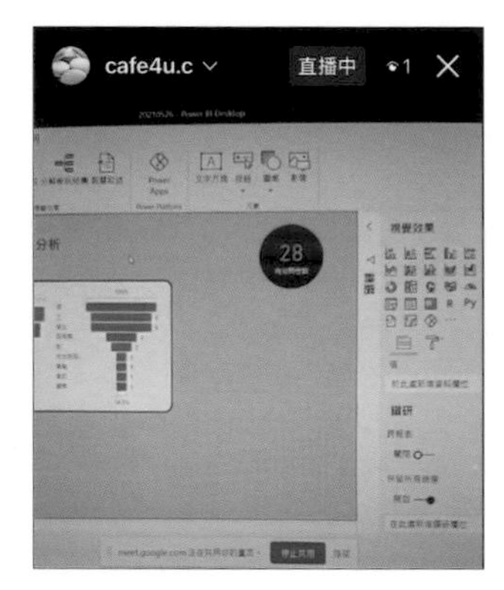

開始直播與保存直播完整內容

分享直播視訊可與粉絲即時交流，直播結束後，除非指定分享到 IGTV 或下載保存，否則無法再觀看直播內容。

建立直播

於 畫面往右滑動開啟限時動態畫面，再點選畫面下方的**直播**。(或於 畫面點選 + \ **直播**)

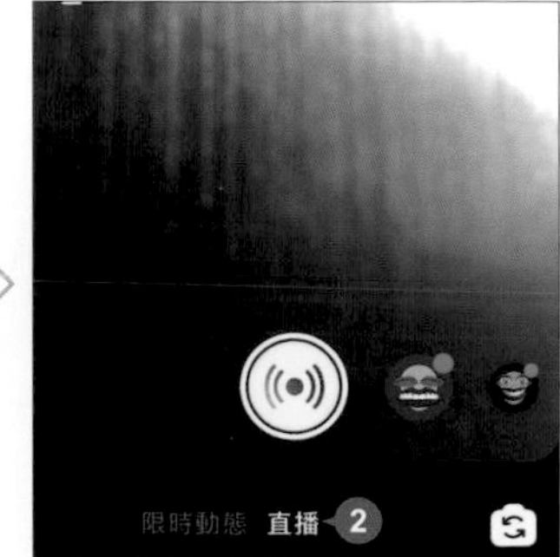

02 進入直播畫面，點選畫面下方 可切換前、後鏡頭，左右滑動 右側圖示至白色圈圈內，可套用各式各樣的臉部濾鏡，再點選白色圈圈內的圖示即開始直播。

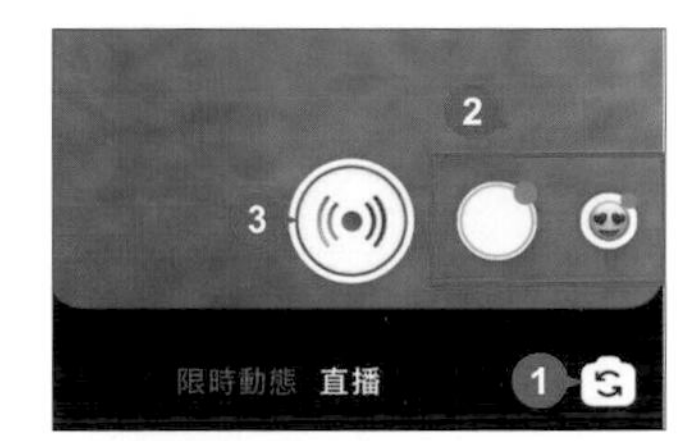

03 直播時，畫面上方會顯示觀眾人數，下方則會顯示留言，可以點選 對剛加入的粉絲打招呼，於畫面右上角點選 可於圖庫點選欲展示的相片 (Android 系統無此功能)，接著背景會替換成該相片，且直播視訊的畫面會縮小至右上角。

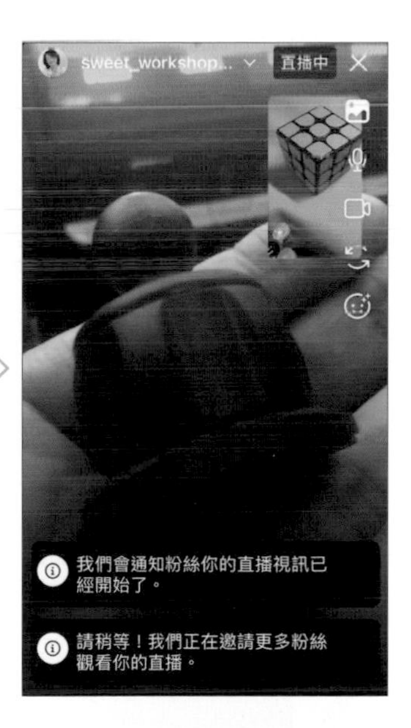

04 如果要替換臉部濾鏡的效果，只要點選 (或)，畫面下方會顯示臉部濾鏡清單，點選即可替換。

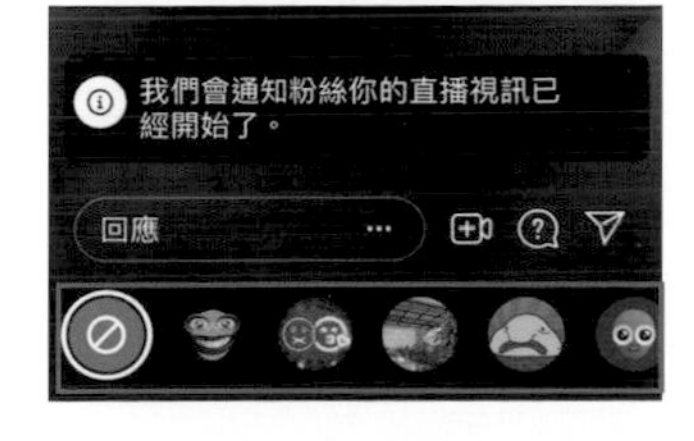

將直播分享至 Instagram 及 IGTV

01 直播完成後，於畫面右上角點選 ☒ \ **立即結束**，接著點選 **分享到 IGTV**。

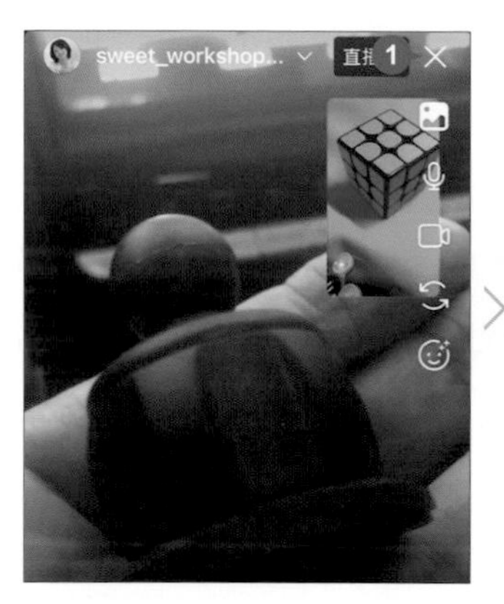

02 於畫面下方滑動點選欲當成影片封面的縮圖，再點選 **下一步**，輸入影片標題或說明文字後，確認 **發佈預覽** 為 ⏺ 狀態，點選 **發佈**，即可將直播影片同步發佈至 Instagram 與 IGTV。

將直播影片儲存

直播完成後，於畫面右上角點選 ☒ \ **立即結束**，接著點選 **下載影片**。(點選 **刪除影片** (或 **捨棄影音內容檔案**) 可刪除該次直播影片。)

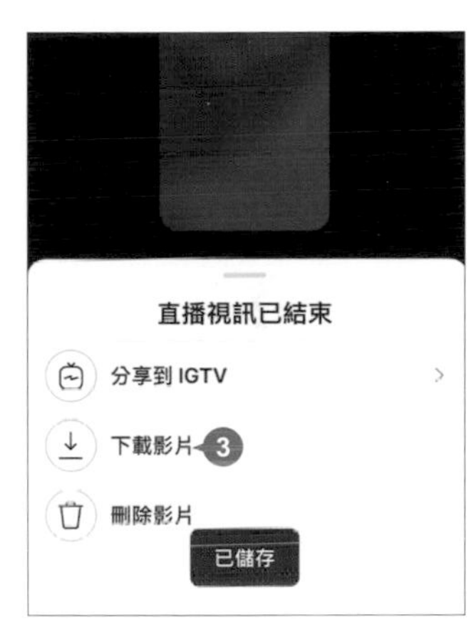

與朋友一起直播

Instagram 可以邀請朋友與你一起直播 (包含自己最多 4 位)，直播畫面會切割成數個畫面，同時出現你與朋友的直播內容。

直播中，於畫面上方點選個人帳號的名稱，接著點選 **邀請加入**。

02 於 **傳送邀請** 清單中點選要一起直播的粉絲 (可以邀請正在觀看的粉絲或直接搜尋，包含你本人最多能 4 個人同時直播。)，點選 **傳送邀請**，接著對方會收到邀請通知，點選 **與***共同直播** 即可加入。

03 直播完成後，於畫面右上角點選 ☒ \ **立即結束**，之後可選擇點選 **分享到 IGTV** 或 **刪除影片** (或 **捨棄影音內容檔案**)。結束直播後，一起直播的粉絲即會自動結束直播狀態，點選左上角 ☒ 即可回到主畫面。

IGTV 的規則與特色

IGTV 是 Instagram 透過影片與用戶互動的平台，以直式全螢幕影片呈現方式享受更完整的視覺效果，也是店家品牌行銷最佳工具。

IGTV 是 Instagram 推出的應用程式，可以發佈所創作的影片、短片、節目...等，為粉絲帶來不同以往的影音體驗，也可以看到更多創作者的影片內容。

iOS

Android

用 "IGTV" 關鍵字搜尋並安裝 應用程式，或是掃描上方的 QR Code 安裝，完成後點選 開啟。(之後需登入 Instagram 帳號、密碼，與允許權限設定)

影片規格要求

IGTV 上傳影片的規格限制：

- **影片長度**：影片長度不可短於 1 分鐘，長度上限為 15 分鐘。透過網頁版可上傳長達 60 分鐘的影片。
- **影片檔案類型**：影片若經由電腦上傳建議採用 MP4 檔案格式，由手機拍攝上傳的影片則無特別格式要求。
- **影片解析度和大小**：
  - 影片建議為直向 9:16 或是橫向 16:9。若是使用等邊 1:1 影片則會自動被裁切為 9:16，使影片內容無法完整呈現。
  - 影片影格速率至少為 30 FPS，解析度則至少為 720 像素。

- 影片長度 10 分鐘以內，檔案大小上限為 650 MB；影片長度若長達 60 分鐘，則檔案大小上限為 3.6 GB。

▶ **影片內容**：Instagram 會移除違反社群守則的影片，如果發現有疑似違反守則規定的影片內容，也可以檢舉。

特色呈現

▶ 影片長度更長：Instagram 貼文僅能上傳 60 秒的影片，IGTV 可以上傳 15 分鐘的影片。

▶ 直播結束後，可指定保存到 IGTV。搭配 **探索** 畫面搜尋影片，觀看時可對影片點讚、留言、透過 Instagrm 訊息分享給你的朋友。

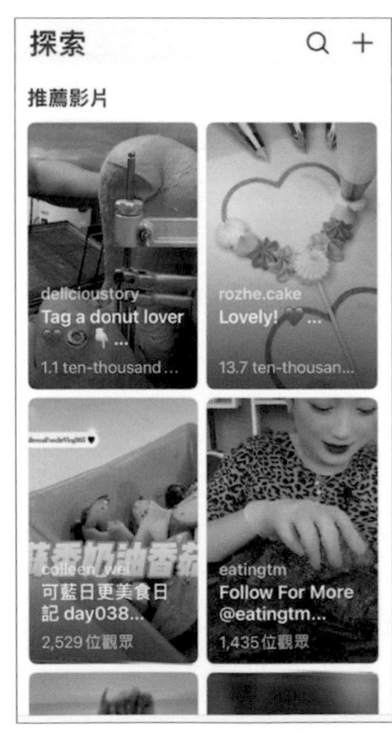

觀看 IGTV 影片

觀看 IGTV 的方式與限時動態相似，一進入即主打相關推薦，自動找出你感興趣的影片並播放。

01 於 IGTV 🏠 **首頁** 畫面會自動播放影片，播完後自動播放下一支，看到喜歡的影片，可以點選 ♡；點選 ◯，再點一下 **新增留言** (或 **留言回應**) 欄位，輸入留言後點選 **發佈** 即可留言。

02 如果對某類型的影片不喜歡，可於畫面右下角點選 ⋯，再點選 **減少顯示這類貼文** (或 **不感興趣**)。

觀看更多即時直播

不少創作者或是店家會利用直播宣傳個人品牌及產品，除了在 IG 觀看追蹤帳號的直播，還可在 IGTV 裡發現更多直播影片。

01 於 IGTV (•) **直播** 畫面，會推薦一則 **精選**，和 **現在** 直播中的影片 (如沒顯示，待使用一段時間後即會出現。)，向上滑動還可以看到 **本週直播內容**，欲觀看目前或之前直播影片時，則可透過點選進入。

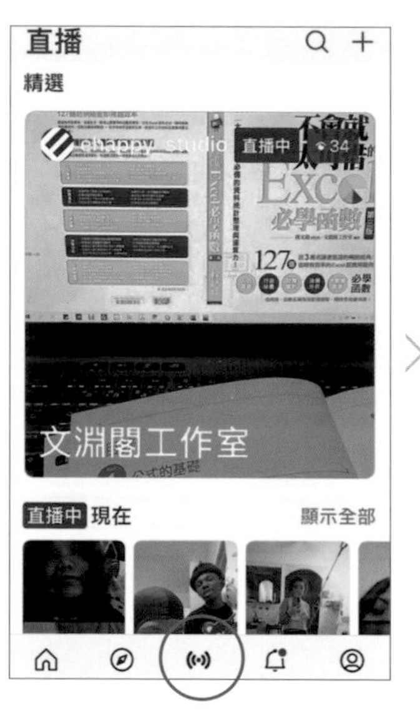

02 想結束觀看可於畫面右上角點選 ☒，即可回到直播精選畫面。

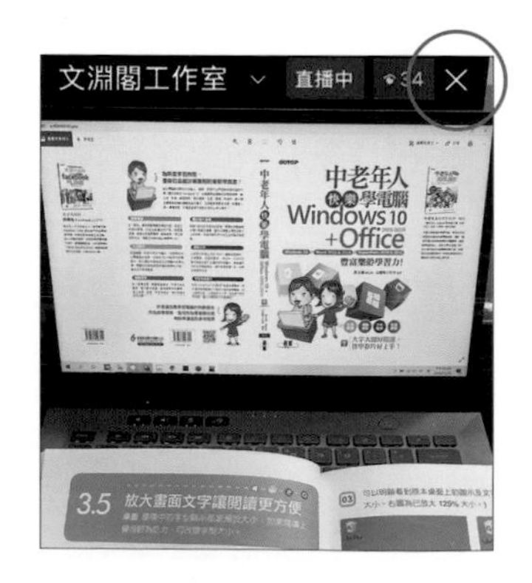

探索 IGTV 頻道

進入 IGTV 除了可以觀看推薦的影片，還可透過搜尋帳號或是熱門標籤二種方式，快速找到影片。

01 於 IGTV 探索畫面，點選右上角 ，可透過搜尋 **帳號** 或 **標籤** 標籤尋找影片。(在 Instagram 所追蹤的帳號，如有上傳 IGTV 影片，會顯示在 **帳號** 標籤下方清單中。)

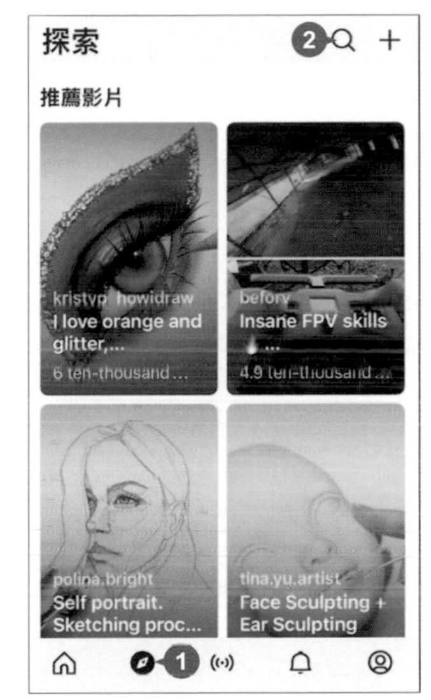

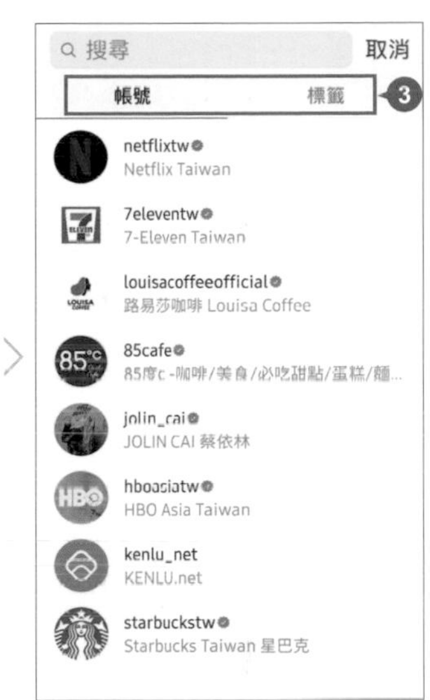

02 點選 **標籤**，輸入欲搜尋的熱門標籤，點選下方搜尋結果，即會顯示相關影片，再點選欲觀看的影片。

珍藏 IGTV 影片與複製連結網址

珍藏喜愛的 IGTV 影片，或是複製影片連結網址於其他社群平台分享，都是在觀看 IGTV 時可以做的設定。

01 珍藏影片：於 IGTV 影片畫面點一下，再點選 ⋯ \ **儲存** 珍藏影片，之後可於 ⊙ 畫面點選 ☰ \ **珍藏影片** 查看所有珍藏的影片。

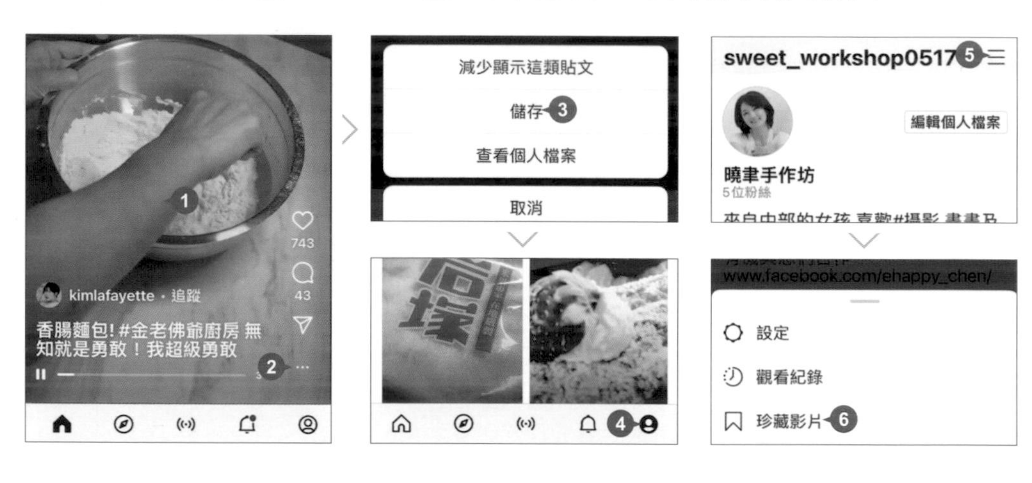

02 複製連結或分享：於 IGTV 影片畫面點一下，再點選 ⋯ \ **複製連結** (iOS 需在 ⊘ **探索** 畫面與 **珍藏影片** 中操作)，之後再轉貼至欲分享或傳送的對象、平台。

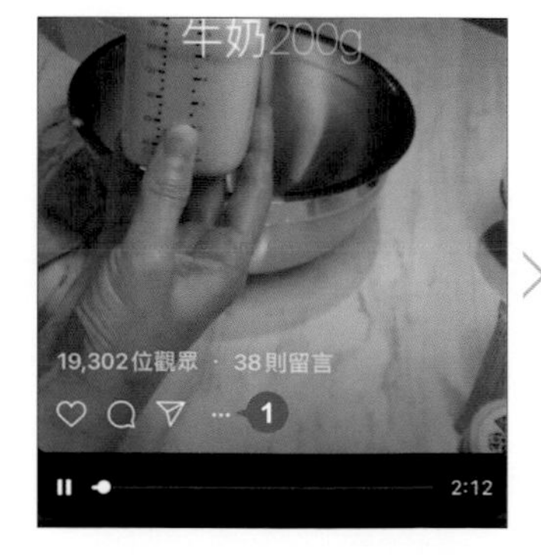

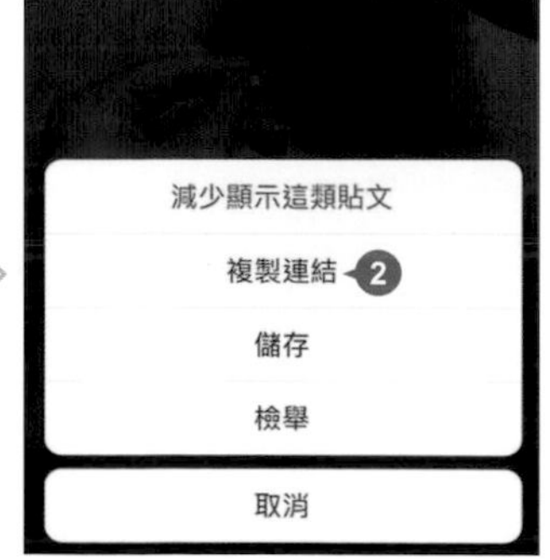

上傳影片至 IGTV 並分享至 IG

IGTV 頻道較適合呈現直式影片，所以建議影片最好以直式拍攝，或是將橫式影片調整為直式後再上傳。

01 於 IGTV 畫面右上角點選 ，點住 即可開始錄影，或是於畫面左下角點選縮圖開啟圖庫影片。

02 點選欲上傳的影片 (不足一分鐘的影片會呈淡色無法點選)，接著於畫面下方點選欲套用的 **濾鏡** 或 **修剪** 影片長度 (Android 系統無此功能)，再設定封面圖像，完成後於畫面右上角點選 **下一步**。

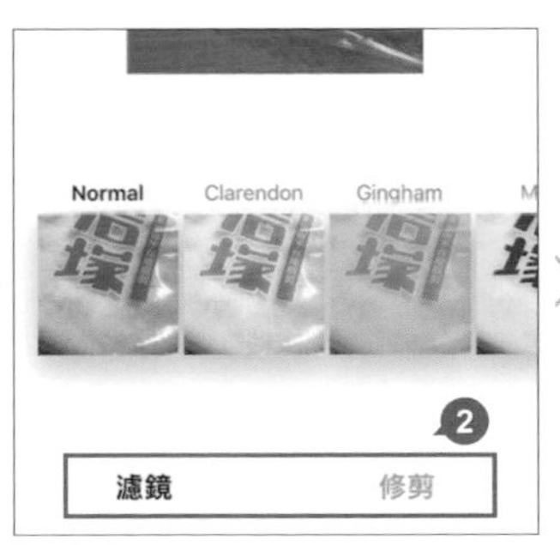

03 輸入影片說明文字，最後於畫面下方點選 **分享** 即可將影片上傳至 IGTV 並分享至 Instagram。

將 IGTV 影片分享到 FB 粉絲專頁

若想增加 IGTV 影片的曝光度，可以在上傳影片時指定分享至 Facebook 粉絲專頁。

IGTV 影片想要同步分享至 Facebook，目前僅侷限於粉絲專頁。連結的 Facebook 帳號必須為粉絲專頁管理員，才能將 IGTV 影片分享到 Facebook 粉絲專頁。

01 在新貼文發佈前，於 **分享至 Facebook** (或 **顯示在 Facebook**) 右側點選 ，於 **帳號管理中心** 畫面點選 **變更 \ 繼續**，輸入你粉絲專頁管理員的 Facebook 帳號、密碼後 (若帳號已是粉專管理員則無需變更)，點選 **以 (帳號名) 的身分繼續**，再點選 **繼續**。

02 點選欲分享的粉絲專頁，再點選 **繼續** 與 **是，完成設定**，回到新貼文畫面即可看到 呈 狀並連結至粉絲專頁。(之後上傳影片都想分享至 Facebook 粉絲專頁，可點選 **一律分享到 Facebook**。)

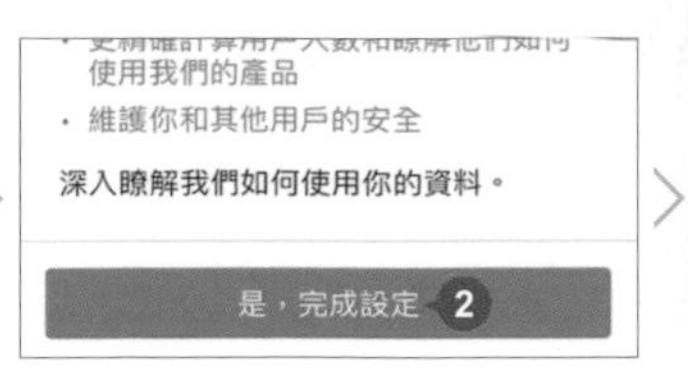

Part

06

Instagram 與 Facebook 跨社群最強集客力

利用 Facebook 強大的社群資源，整合與 Instagram 之間的網路行銷渠道，透過跨社群的分享方式，讓店家或個人都能獲得業績或知名度的提升。

IG 貼文同時分享 FB 與其他社群平台

Instagram 可以連結 Facebook、Twitter、Tumblr...等社群平台，讓你在貼文時也同步發佈至其他平台。

01 點選 ＋ 新增貼文，完成說明文字後，在 **新貼文** 畫面點選想要同步的社交平台右側 ，(在此以 **Facebook** 說明)，再點選 **繼續**，輸入 Facebook 帳號與密碼後點選 **登入**，確認使用的身分。(若已登入 呈 狀)

02 點選 **繼續** 和 **是，完成設定**，最後回到 **新貼文** 畫面中，確認是否開啟 Facebook 分享功能後，Facebook 右側會出現帳號名稱並呈 狀，接著點選 **分享**，就會同步到指定的平台帳號。

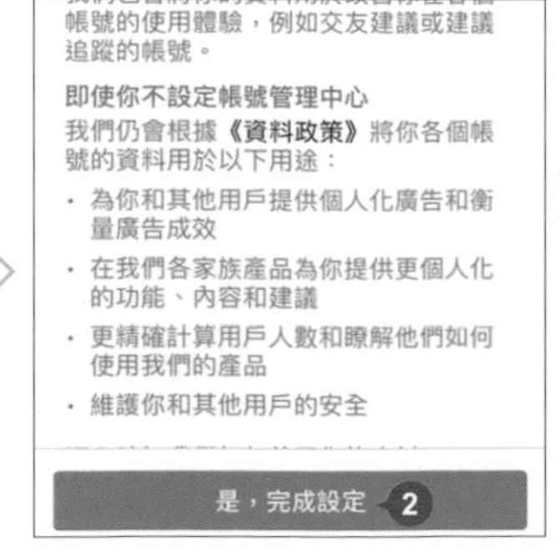

IG 舊貼文分享到 FB

前面有提到 Instagram 在貼文的同時也能分享到 Facebook，但若想分享舊貼文到 Facebook，則需使用以下方式。

於 畫面點選想要分享到 Facebook 的貼文，點選貼文右上角 ，再點選 **分享** (或 **發佈到其他應用程式...**)，Facebook 右側出現帳號名稱並呈 狀，點選 **分享**。

小提示

其他分享方式

iOS 系統還可點選 \ **分享至...**，再指定分享平台。(有些帳號未支援此功能)

取消與 FB 帳號同步貼文連結

若不想每篇貼文都自動同步到其他平台，記得在每次貼文前都先檢視，如果不需要同步就要在分享前取消連結。

單次取消

如果有些貼文不想同步，可以在分享貼文前點選該平台由 ◉ 呈 ○ 狀即可取消同步分享。

完全取消與指定 Facebook 帳號連結

要將 Instagram 帳號與 Facebook 帳號完全取消連結，或是換成其他 Facebook 帳號，都可依照以下方式設定。

於 ◉ 畫面點選 ☰ \ ⚙ **設定**。

02 點選 **帳號管理中心 \ 帳號和個人檔案**，再點選 **Facebook**。

03 最後點選 **從帳號管理中心移除**，再點選 **繼續** 和 **移除*****。

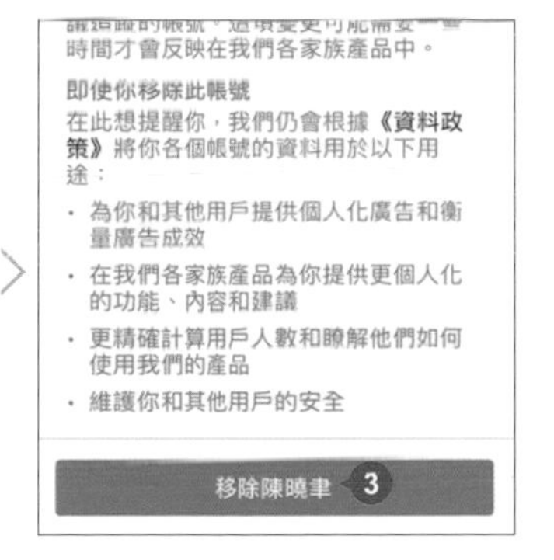

已經取消連結，但仍能看到 Facebook 帳號？

由於 Instagram 會自動抓取手機內 Facebook App 所登入的帳號，所以即使取消連結，有可能還是可以看到之前連結的 Facebook 帳號，這時建議登出手機內的 Facebook 帳號，再重新登入 Instagram 試試。

IG 限時動態同時分享到 FB

Instagram 上傳的限時動態，可以同步到 Facebook 限時動態，讓內容同時出現在二個不同的社群。

01 於 ◉ 畫面點選 ☰ \ ⚙ **設定**，再點選 🔒 **隱私設定 \ 限時動態**。

02 點選 **將限時動態分享到 Facebook** 由 ○ 呈 ● 狀為允許分享 (若尚未連結到 Facebook 帳號會要求先登入才能允許分享)。待進入限時動態編輯畫面，會出現 f，點選 **限時動態** 後內容會同時發佈到 Instagram 與 Facebook 的限時動態。

關閉一次或永久關閉 Facebook 限時動態分享

進入限時動態編輯畫面，點選 **傳送給 \ 限時動態** 下方文字。

若點選 **關閉 Facebook 限時動態分享** 會永久關閉分享至 Facebook；若點選 **關閉一次** 則是取消這一次分享至 Facebook，最後再點選 **分享** 與 **完成**。

將個人與粉專 FB 加入 IG 社群按鈕

個人或粉專 Facebook 都可以加入 Instagram 連結，當用戶瀏覽你的頁面時，就能直接選按連結至你的 Instagram 帳號。

個人 FB 加入 Instagram 按鈕

01 開啟電腦版瀏覽器 Facebook 頁面，並登入 Facebook 帳號，接著選按帳號名稱 \ **關於** \ **聯絡和基本資料** 進入頁面。

02 於 **網站和社交連結** 選按 ⊕ **新增社交連結** \ **+ 新增社交連結**。

03 選按社群平台的清單鈕，清單中選按 **Instagram**，接著於左側欄位輸入你的 Instagram 用戶名稱，設定 **所有人**，再選按 **儲存**，之後在個人檔案頁面左側的簡介欄位中可看到 Instagram 按鈕。

粉絲專頁加入 Instagram 連結

01 開啟電腦版瀏覽器 Facebook 頁面，並登入 Facebook 帳號，開啟粉絲專頁後，選按 **更多 \ 關於**，接著再選按 **編輯其他帳號**。

02 選按社群平台的清單鈕，清單中選按 **Instagram**，接著於左側欄位輸入你的 Instagram 用戶名稱，選按 ⊠，之後在粉絲專頁聯絡資訊中的 **關於** 就會多了 Instagram 連結。

IG 貼文、限動同時分享到 FB 粉專

IG 個人帳號可以連結到個人 Facebook，若想與個人管理的 Facebook 粉絲專頁同步分享，需透過 **帳號管理中心** 設定。

想要將 Instagram 貼文或限時動態，同步分享到 Facebook 粉絲專頁，必須先透過 **帳號管理中心**，將 Instagram 個人帳號，與有管理粉絲專頁的 Facebook 帳號連結。

如果 Instagram 目前已連結的 Facebook 帳號，想要更改為管理粉絲專頁的 Facebook 帳號時，需參考 P6-4，取消原來 Facebook 帳號連結，再依照如下方式變更。

01 於 畫面點選 \ **設定** \ **帳號** \ **分享到其他應用程式** \ **Facebook**，由於 Instagram 會自動抓取手機內 Facebook App 之前登入的帳號，點選 **變更** (若 Facebook 帳號正確直接點選 **繼續**)。

02 重新連結到有管理粉絲專頁的 Facebook 帳號後，點選 **繼續**。

03 核選分享位置後，點選 **繼續** 和 **是，完成設定**，再點選 **開始分享到 Facebook**，接著可以看到該 Facebook 帳號管理的粉絲專頁，核選想要分享的對象後，分別點選 **你的 Instagram 限時動態** 與 **你的 Instagram 貼文** 由 呈 狀，最後點選 < 返回 畫面。

04 以 **新貼文** 畫面為例，**Facebook** 右側會出現粉絲專頁帳號名稱並呈 狀，接著點選 **分享**，就會同步分享到指定的平台帳號。

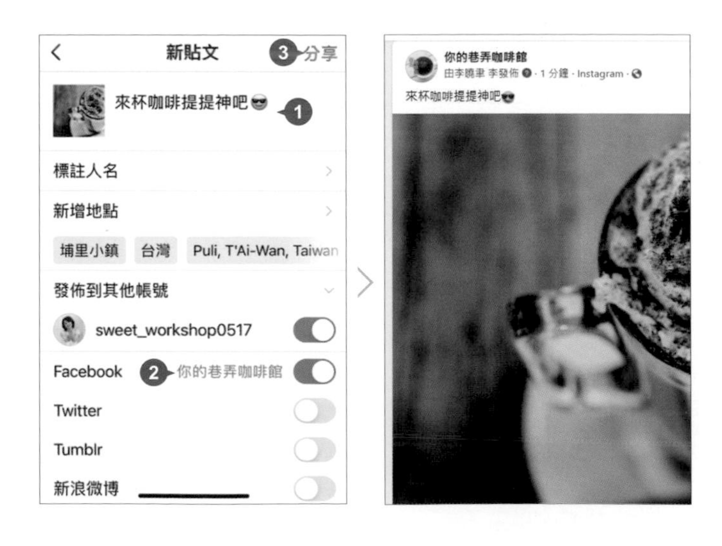

Part

07

邁向成功的商業品牌行銷術

目前超過三分之一的 Instagram 用戶會使用他們的行動裝置上網購物，50% 的 Instagram 用戶至少會追蹤一個商業帳戶。因此無論電商、企業品牌、創作者、甚至政府機關，都想透過 Instagram 來接觸這個平台的客群。

品牌經營必須搞懂的訣竅

Instagram 以圖像、影片為主的貼文，少了充斥頁面的廣告，讓年輕世代紛紛棄 FB 改投 IG 懷抱。如果你的目標客群也是13-34歲，就該了解 IG 行銷。

不要小看 Instagram 一張張相片的影響力，專業、漂亮的相片是吸引眼球及經營網店品牌的最強行銷利器，不但可為你的 Instagram 帳號加分，更可以為你的網店提升觸及率，打開更多銷售機會！

利用 Instagram 行銷品牌，讓更多客戶認識你，就從以下幾個方向開始。

品牌印象

想讓粉絲變顧客，需為品牌建立好印象。於 ⓐ 畫面點選 **編輯個人檔案**，可進入個人檔案畫面中編輯相關資料。

▶ **大頭貼照**：使用店家或品牌的標誌或圖形符號，方便粉絲辨識。

▶ **用戶名稱**：使用店家或品牌名稱，方便粉絲辨識，也可再加上 "Store"、" Shop" ...等關鍵字，更容易搜尋。

▶ **網站**：輸入 Facebook 或網店網址，此欄位是 Instagram 個人帳號主畫面唯一可點選網址的位置，利用這個網址引導粉絲進入你的官方網店進行購物。

▶ **個人簡介**：用簡單幾句話介紹你的商品或服務，也可加入品牌概念說明，或可善用 # 或 @ 標註相關主題標籤或合作夥伴名稱，提高店家的曝光率。

視覺取勝，用相片說故事

Instagram 最令人著迷的是每一則貼文的相片，因此想在 Instagram 行銷，相片是最關鍵的因素！依貼文主題為商品巧妙地搭配背景、燈光、擺設，再加入故事性、生活元素與品牌風格，生成一張張精美相片，讓客群對商品留下深刻印象，達到推廣的效果也更能提升客群對品牌的信任度。

除了吸引人的商品相片，也可以分享服務過程相關的相片、影片、主題角色專訪或轉貼既有客群分享的貼文，以及品牌創立至今的相片與故事來吸引客群注意。

設定行銷目標及客群

- **目標客群**：了解目標客群才能為社群經營帶來最大的價值，不管男性還是女性、學生、青少年、上班族、遊客或專業人士，依目標客群的需求挑選一些合適的文案主題與活動進行推廣，如果預算足夠還可以找合適的網紅或部落客為商品開箱。

- **清楚自己的行銷目標**：在進行任何行銷活動之前，你都必須訂定一個明確的目標，像是希望增加營業額、提高品牌的曝光度、建立品牌形象，還是希望找一位網紅為你推廣新商品增加更多追蹤者...等，有了清楚的行銷目標才可以有方向性的分析行銷策略，讓你投入的時間和金錢產生最大效益。

標註地點與 hashtag (#) 優化貼文

貼文中標註地點，可以觸及更多你所在地區的用戶。而 hashtag (#) 是全世界 Instagram 用戶的共通語言，用戶可以快速搜尋到你的貼文，而你的貼文也可能因為競爭對手和你用相同的 hashtag (#) 而增加曝光率將品牌延伸到其他潛在追蹤者。另外切記不要使用與品牌或商品不相關的標註，以免弄巧成拙引起用戶反感。

Part03 中提到許多使用 hashtag (#) 的技巧，應用簡短的關鍵字，比冗長的文字訊息來得更有效益。

想要粉絲爆量的關鍵守則

建立活動、留言真誠回覆、貼文文案以粉絲角度出發...等，這些貼心的舉動不僅能讓粉絲感到被重視，也會提高其回流率。

了解粉絲需求

直接問問題是最簡單的粉絲互動方式，建立良好的關係，鼓勵粉絲分享他們的感受與體驗。熱情的粉絲們不但會提供商品建議，也會回饋他們喜歡的商品類型。

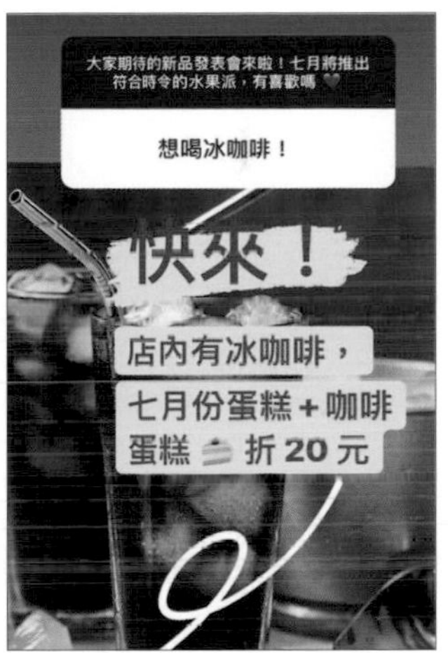

另外也可以轉貼粉絲們 hashtag (#) 你的商品或標註店家帳號的貼文，讓粉絲一同參與店家的各項互動；也可透過相片、影片或直播上傳一些幕後工作情況，展示採購、製作過程、小編試穿試用...等，加強商品印象，瞬間抓住粉絲目光。

制定客服標準

每個店家都會有一至多位的小編協同回覆線上問題，舉凡商品規格、使用方式、訂價、退換貨、活動折扣...等都是最常見的粉絲提問，若店家沒有即時回答或答覆會令粉絲覺得不被重視，也會影響粉絲對店家的整體觀感。因此制定一套完善的客服標準不僅能提升顧客滿意度，對小編們來說也有個依循的方針。

讓粉絲標註朋友

透過活動讓粉絲主動留言、標註 (@) 朋友，像是標註二位好友即可抽獎或送贈品，或利用想與好友分享的心態，當你的商品有足夠的吸引力、夠新奇有趣，粉絲就會想讓朋友也看看這則貼文，最快的方式是標註 (@) 朋友。

被標註的朋友會收到通知，如此一來可拉攏更多人瀏覽貼文、追蹤你、與你聯繫交流，進而帶動業績成長。

回饋粉絲的動作 (留言、按讚、追蹤)

除了貼文、舉辦活動，針對平日貼文有留言的粉絲即時回應，讓粉絲感覺被重視。如果想吸引更多粉絲，也可試著由店家主動接觸，可先搜尋與自家品牌、商品名稱相關的 hashtag (#)，開啟其貼文後按讚或追蹤貼文用戶，引起對方注意。

定期發文，滿足粉絲期待

一定要每天發文嗎？其實只要能夠以粉絲角度去思考貼文文案，妥善安排內容，定期發文再搭配流行趨勢、年節與特別節日時刻發文，利用即時性增加粉絲黏著度，不必每天發文，也能擁有一群長期關注你的粉絲。

舉辦活動提升客群回流率

"互動" 是社群行銷的重點，舉辦有獎活動連絡店家與用戶間的感情，也能養成用戶習慣性的關注店家貼文。

加入 # 與 @ 吸引粉絲與更多用戶

新商品上市、年節、特別節日前...等，都是店家舉辦活動的好時機，只要用戶看到貼文時追蹤店家、幫貼文按讚、標註 (@) 朋友，可以進行活動抽獎。對店家來說，成本低又可以開發潛在用戶獲得更多粉絲；對用戶來說，可以獲得店家用心準備的獎品，這樣雙贏的策略可以多多舉辦。

貼文中，依活動主題加入幾個較多人關注的 hashtag (#)，只要用戶追縱該 hashtag (#)，你的活動貼文就有機會被看到，也可以提升活動貼文的曝光度。活動結束後別忘了公佈抽獎結果，讓粉絲更期待下次的活動。

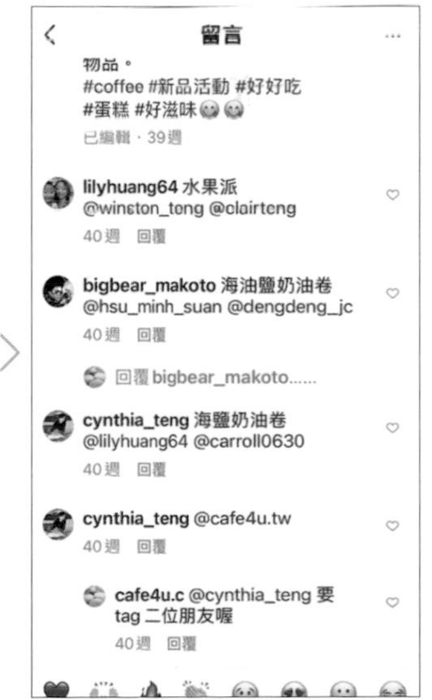

倒數貼圖提醒活動時限

限時、限量是刺激購買的飢餓行銷手法，在 Instagram 限時動態中加入倒數貼圖，是一種讓粉絲們覺得時間有限要趕快參與活動的心理戰術。

01 於 畫面點選 ⊕ \ **限時動態**，選擇原有的或立即拍下一張合適的相片，再點選 \ **倒數**。

02 點選彩色圓形可以變更不同背景顏色，再點選 **倒數主題** 輸入活動標題文字。(畫面下方有小字提醒，若你設定為 "不公開" 帳號，可決定用戶是否可開啟提醒並分享這個限時動態。)

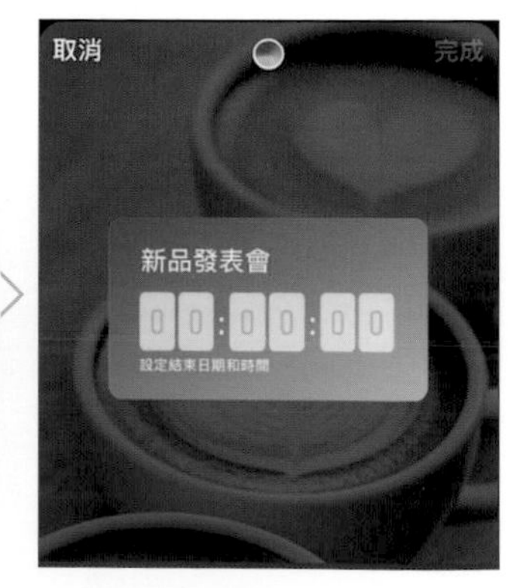

03 點選倒數區塊，於下方日期卷軸指定結束日期 (如果要設定時間，只要關閉下方的 **全天** 會出現時間選項)，最後點選 **完成** 。

04 於限時動態畫面產生倒數貼圖後，可以拖曳倒數貼圖至畫面中合適的位置擺放，再指定上傳至限時動態。

開啟提醒知道活動結束！

點選店家限時動態上的倒數貼圖，粉絲可以直接分享到自己的限時動態或開啟提醒，當時間到時發送通知！

小提示

限時動態 24 小時自動消失，倒數還沒結束該怎麼辦？

目前 Instagram 分享到限時動態的相片和影片會在 24 小時後消失，若是倒數貼圖上的時間還沒結束，需重新再新增一個嗎？是的，要再次建立但 Instagram 會保留原倒數貼圖上的倒數設定並持續倒數中。

如果要建立一個還沒結束倒數的倒數貼圖，進入限時動態編輯畫面，再點選 ☺ \ **倒數**，這時會看到還沒結束倒數的倒數貼圖出現在畫面中，點選該倒數貼圖，會產生在目前要建立的限時動態畫面。

如果要建立新的倒數，直接點選**建立倒數**。

將活動貼文分享到限時動態

活動貼文也可以分享至限時動態，讓習慣瀏覽限時動態的用戶也能看到這個訊息，還可以直接點選該限時動態切換至活動貼文。

01 於要分享的貼文下方點選 ▽，指定要上傳至你的限時動態，上傳前，可以點一下相片改變顯示的樣式、變更大小、旋轉畫面、新增貼圖、文字或加入前面提到的倒數貼圖，再指定上傳至限時動態。

02 後續好友於限時動態瀏覽時，若點選貼文相片，再點選 **查看貼文**，可進入該則活動貼文。

問答式行銷的限時動態

善用限時動態的互動功能吸引粉絲的注意力，是你一定要掌握的行銷方式！

票選活動貼圖

在限時動態中以活動問答與粉絲互動，從回覆選項了解目標客群的想法

01 進入限時動態編輯畫面中，點選 ☺ \ **票選活動**，輸入票選活動問題，再輸入二個答案，最後點選 **完成**，再指定上傳至 **限時動態**。

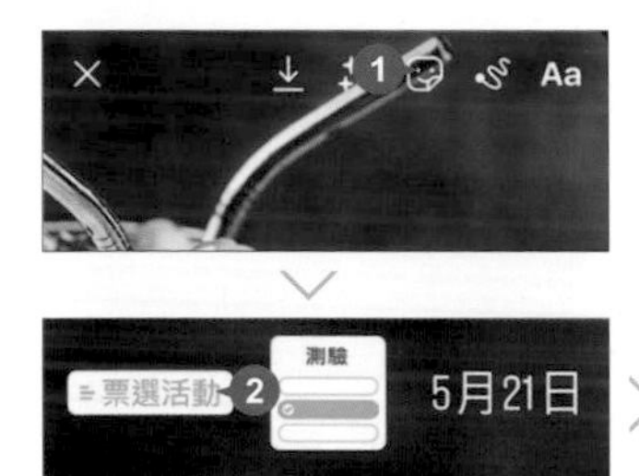

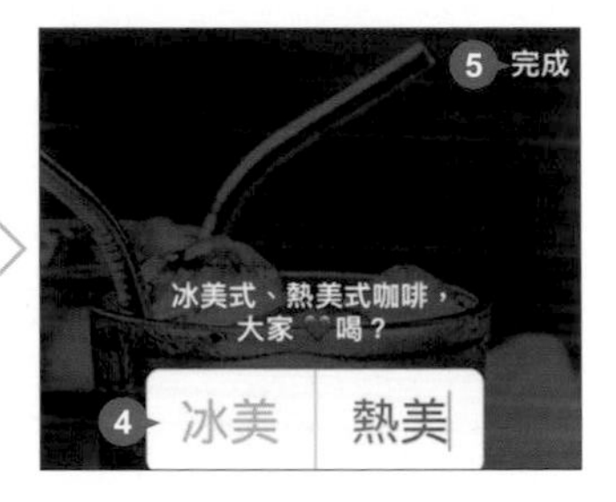

02 活動過程中，用戶可參與投票並看到即時結果。而瀏覽自己建立的票選活動時可向上滑動，點選 ◉ 查看各選項的得票數，以及每位投票者狀況。

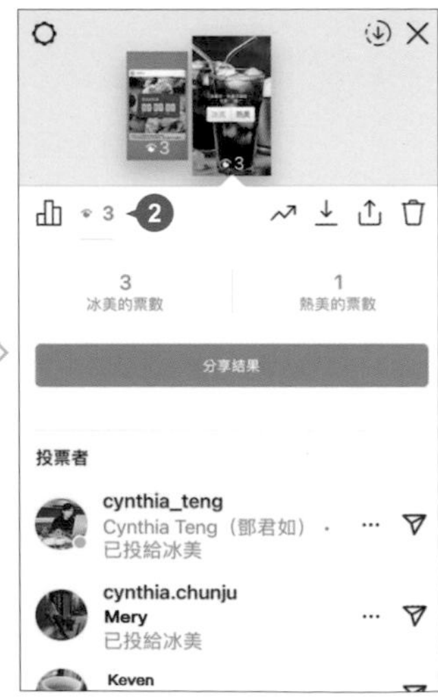

表情符號滑桿貼圖

寫下你的問題，用戶可以滑動指定的表情符號回覆問題。

01 進入限時動態編輯畫面中，點選 \ **表情符號滑桿**，點選上方彩色圓形可以變更不同顏色背景，再輸入活動問題與指定表情符號，最後點選 **完成**，再指定上傳至 **限時動態**。

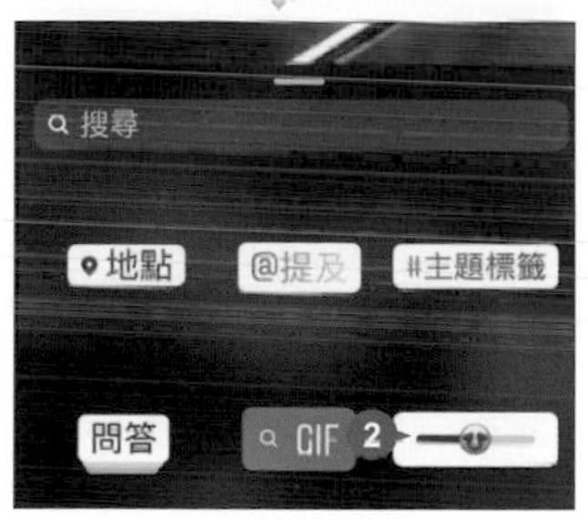

02 活動過程中，用戶能拖曳滑桿回覆問題，而你在瀏覽活動時可向上滑動，點選 查看大家對這個活動的參與程度。

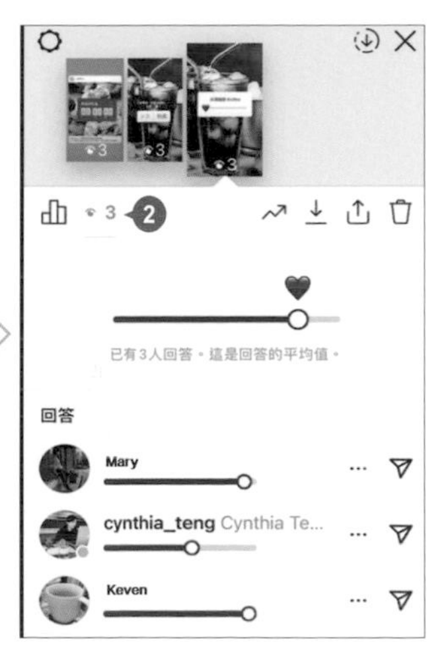

提問貼圖

可以提出與商品相關的問題，或隨意聊聊生活大小事、時事相關題材...等，利用話題邀請粉絲互動，合適的問題還可以分享在限時動態，讓粉絲有被重視的感覺。

01 進入限時動態編輯畫面中，點選 \ **問答**，輸入活動問題，最後點選 **完成**，再指定上傳至 **限時動態**。

02 活動過程中，用戶可以點選限時動態中的貼圖，然後輸入回覆或其他問題，再點選 **傳送**。

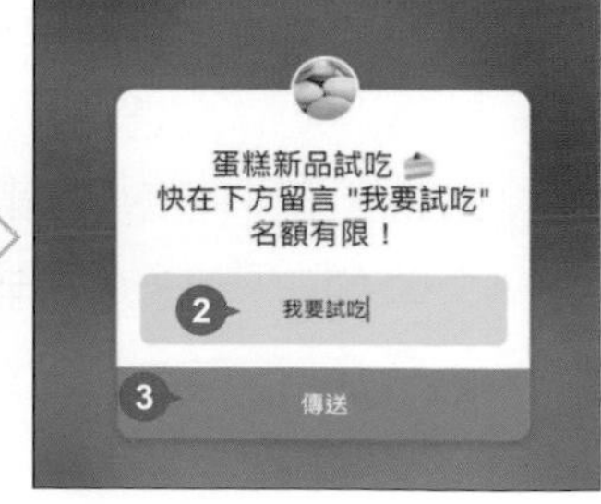

03 活動過程中，你在瀏覽時可向上滑動，點選 查看大家對這個問題的回覆，如果要回覆特定用戶，可以點選該問題下方的 **回覆** 再點選 **發送訊息給*** (傳送訊息)** 或 **分享回覆**。(若點選 **分享回覆** 可輸入回覆文字或加上貼圖後，上傳至 **限時動態** 或只傳送給該名用戶。)

小提示

限時動態 24 小時後，相關活動數據哪裏找？

限時動態上傳時預設會儲存到 **典藏** 中。於 畫面點選 ，點選 **典藏 \ 限時動態** (或 **限時動態典藏**) 進入畫面，可回顧之前的限時動態，無論要重新上傳至限時動態、轉貼到貼文、瀏覽活動結果與回覆問題都可以！

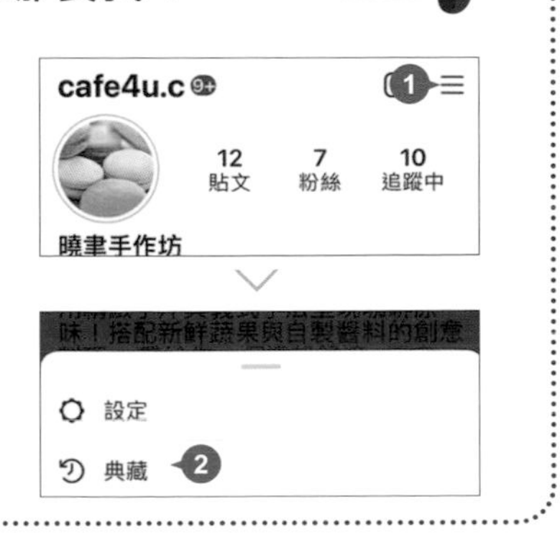

關於 Instagram 專業帳號

Instagram 準備了多樣化的銷售推廣商業工具，為商業用戶創造曝光機會，同時享有洞察報告及廣告解決方案。

思考你的經營模式

如果打算在 Instagram 進行商業性商品行銷、付費廣告推廣，強烈建議店家將帳號切換為 **專業帳號** 類型。Instagram **專業帳號** 是免費且公開的帳號，之後若覺得不合適也可以再切換為 **個人帳號** 類型。

目前 Instagram **專業帳號** 中包含 **創作者帳號** 與 **商業帳號**，二者功能其實大同小異，主要是在類別定義上的差別，可依經營模式自行選擇。

- **創作者帳號**：適合公眾人物、內容行銷企劃人員、藝術家和具影響力的人物（KOL、網紅或個人創作者...等)，包含的類別有：公眾人物、主廚、設計師、企業家、作者、作家、巡迴演唱會、室內設計工作室、建築設計師、政府官員、政治人物、政治候選人、科學家、音樂家、樂團、模特兒、健身教練、部落客、演員、新聞名人、新聞工作者、遊戲玩家、運動員、創作者、電影角色、導演、舞者、製作人、編輯、藝術家、攝影師、DJ...等。

- **商業帳號**：適合零售商、店家、品牌、組織和服務供應商...等，包含的類別有：社群、數位創作者、教育、企業家、個人部落格、商品/服務、雜貨店、餐廳、購物與零售、健康/美容...等。

專業帳號的優勢

▶ **連結 Facebook 粉絲專頁**：專業帳號能連結現有的 Facebook 粉絲專頁，讓你的品牌、商品有更多曝光與宣傳的機會。

▶ **洞察報告、推廣貼文**：專業帳號可取得洞察報告數據，檢視你與粉絲互動次數、被瀏覽次數、觸及人數...等資訊，再藉此評估行銷方向，以付費廣告推廣行銷，提升業績成長。

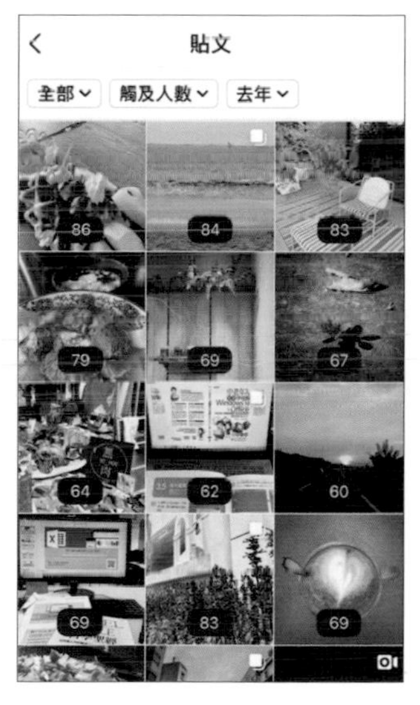

▶ **店家資訊**：專業帳號可以為店家和客群建立聯繫，在畫面中顯示店家的資訊，例如：電話號碼、電子郵件及公司地址，當用戶點選這些按鈕或連結即可撥打電話、撰寫並寄送電子郵件，以及規劃前往店家的路線。

專業帳號與個人帳號的差異

轉換為 **專業帳號** 後，在 Instagram 上的某些行動將受到限制，下表整理 **專業帳號** 與 **個人帳號** 的差異，方便你選擇合適的經營模式：

差異性	專頁帳號	個人帳號
帳號隱私	只能設為公開帳號	可設為公開、不公開帳號
連結 Facebook (貼文同步)	只能同步到你的粉絲專頁	可以同步到你 Facebook 個人動態專頁或粉絲專頁
類別標註	有	無
聯絡資訊	有 (**商業帳號** 可建立電子郵件、電話、地址；**創作者帳號** 則只可以建立電子郵件及電話)	無
貼文洞察報告	有 (互動次數、觸及人數、分享次數、儲存次數、商業檔案瀏覽次數、影片觀看次數、按讚次數、曝光次數、留言數、追蹤人數...等數據。)	無
粉絲洞察報告	有 (粉絲人數、取消追蹤人數、熱門地點、年齡範圍、性別、活躍時間...等數據。)	無
推廣活動(廣告)	有 (付費式廣告，也可查看該則廣告的洞察報告。)	無
訊息聊天室	會區分 **主要**、**一般**、**陌生訊息** 三類訊息，也可標示指定聊天室以及自動回覆訊息；支援群組訊息聊天。	能接收與回覆訊息，會區分陌生訊息，支援群組訊息聊天、群組視訊聊天、包廂...等功能。

切換為專業帳號

將個人帳號切換為專業帳號 (在此示範其中的商業帳號)，可以使用商務功能，為店家擴大觸及範圍、了解顧客喜好以及衝高銷售業績。

01 於 ☻ 畫面點選 ☰ \ ⚙ **設定**，再點選 **帳號 \ 切換為專業帳號** (部分帳號需點選 **繼續** 看完相關說明)。

02 於 **選擇類別** 清單點選合適的項目 (可先清除預設類別完整顯示清單)，點選 **在商業檔案上顯示** (或 **顯示類別標籤**) 右側由 呈 狀，再點選 **完成** (Android 系統還需再點選 **確定**)。

03 選擇 **商家** 或 **創作者** 類別再點選 **下一步**，再設定要 **公開顯示的商家資訊** 電子郵件、電話、地址，點選 **下一步**。

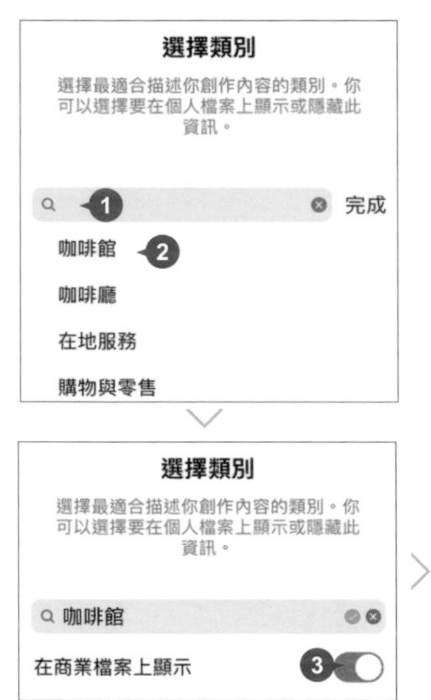

04 指定連結一個既有的 Facebook 粉絲專頁 (之後上傳的貼文與限時動態可指定與這個粉絲專頁同步)，再點選 **下一步**，完成商業帳號的切換。(若沒有粉絲專頁，可以點選 **建立新的 Facebook 粉絲專頁**，Instagram 會以你目前的用戶名稱產生一個粉絲專頁)

變更專業帳號頭貼、類別與聯絡資訊

Instagram 專業帳號可提供的店家資訊有：大頭貼、姓名、網站、簡介、類別與連絡資訊...等，讓客群更容易找到你。

01 於 畫面點選 **編輯個人檔案**，可重新輸入 **姓名**、**用戶名稱**、**網站**、**個人簡介**...等資訊 (**姓名** 建議與 Facebook 粉絲專頁名稱相同，方便粉絲辨識。)，點選 **更換大頭貼照** 可更換大頭貼。

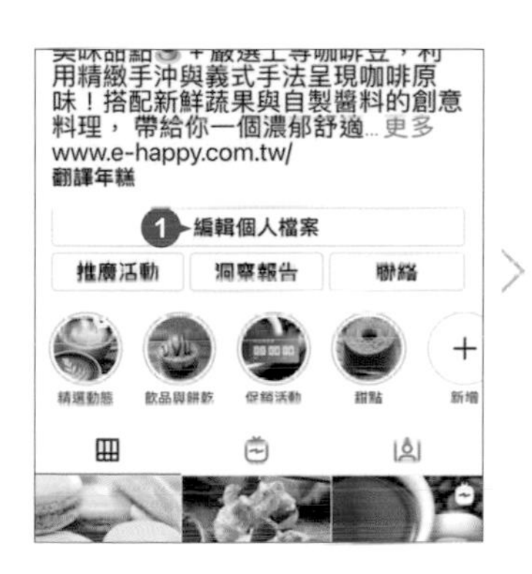

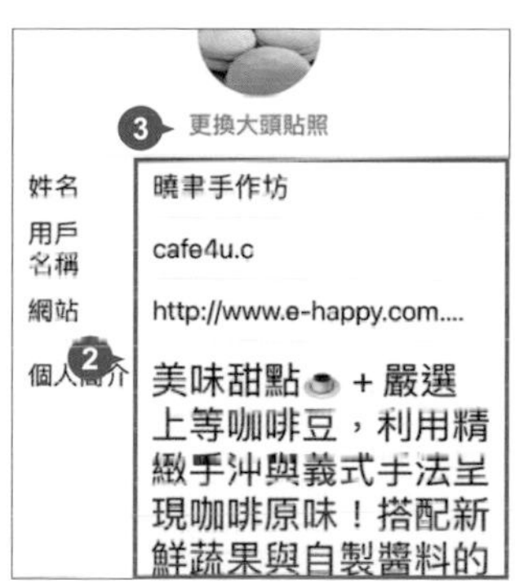

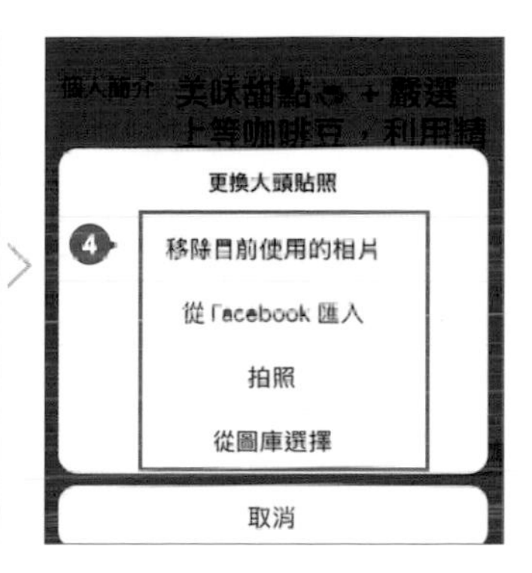

姓名 設定中英文皆可，且可與其他人重複。**用戶名稱** 設定只能使用英文字母、數字底線和句點，且不能與其他用戶重複。

02 點選 **類別** 可變更店家的商業檔案類別，點選 **聯絡選項** 可新增或變更電子郵件、電話號碼、地址資訊，調整後點選 **完成**；完成相關資訊調整後，於畫面右上角點選 **完成** 回到個人檔案畫面。

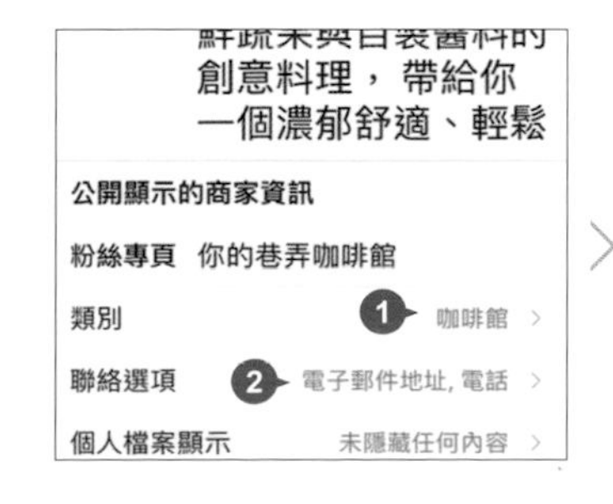

用個人檔案的連結增加流量

Instagram 貼文中的網址僅以文字呈現不能點按，若想引導用戶開啟店家外部官網瀏覽可運用個人檔案的網站資訊。

於 ⊖ 畫面點選 **編輯個人檔案**，**網站** 欄位輸入要引導用戶進入的網址，再點選 **完成**，回到個人檔案畫面會看到網址資訊，並可點選開啟。

用點餐、預訂鈕連結第三方合作夥伴

Instagram 專業帳號提供 **點餐**、**搶先預約**、**預訂**...等行動呼籲服務，讓用戶透過店家提供的第三方合作夥伴直接互動。

01 於 ⊖ 畫面點選 **編輯個人檔案 \ 行動呼籲按鈕**，畫面中會依帳號的所在地區、使用習慣或所選擇的商業檔案類別提供合適的服務。

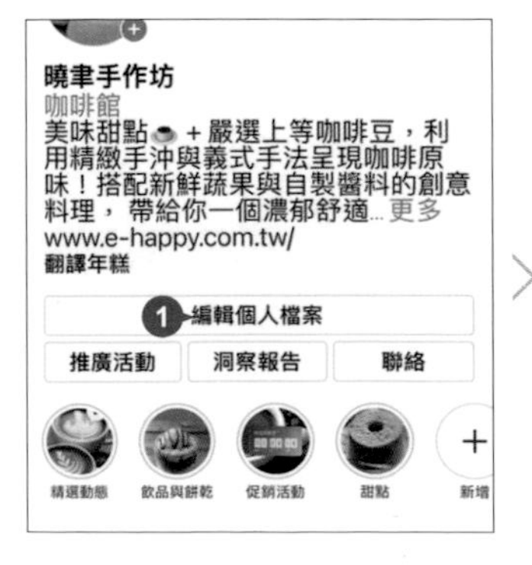

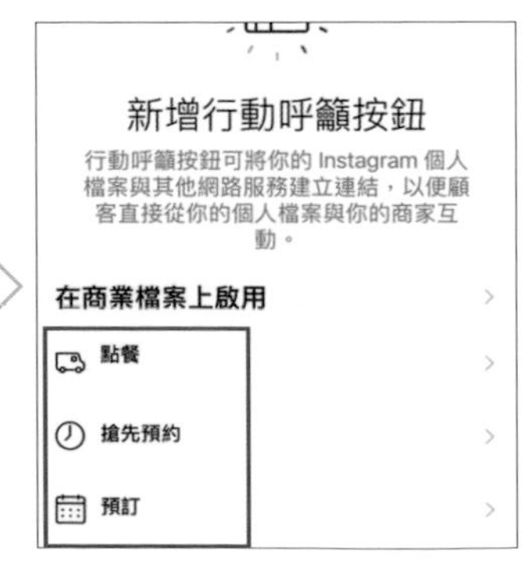

02 在此示範點餐服務，點選 **點餐** 並依畫面指示輸入店家外送平台的連結網址 (需透過瀏覽器複製)，再點選 **完成**。

03 於 **行動呼籲按鈕** 畫面點選 **在商業檔案上啟用** 項目，確認已核選 **點餐**，再點選 〈 回到上一頁，點選 **完成**。回到個人檔案畫面會看到 **點餐**，點選可前往指定的外送連結 (若手機中有安裝外送平台 App 則會開啟 App 首頁，若無則會以瀏覽器開啟店家平台頁面)。

變更專業帳號連結的 FB 粉絲專頁

Instagram 專業帳號可指定連結一個你擁有管理權限的 Facebook 粉絲專頁，若想變更連結的粉絲專頁可如下操作。

01 於 ⊕ 畫面點選 **編輯個人檔案** 鈕，再點選 **粉絲專頁 \ 變更或建立粉絲專頁**。

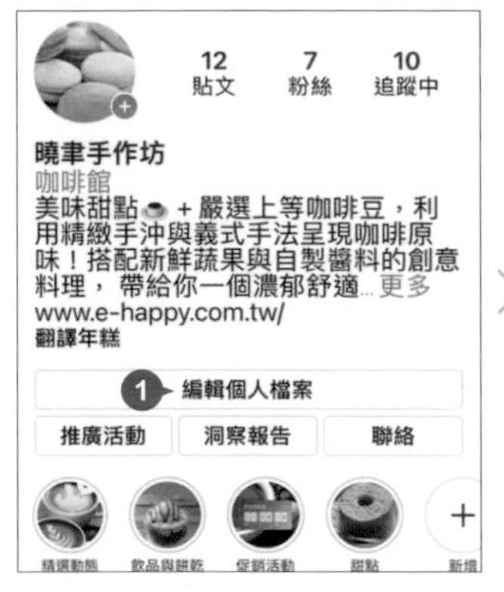

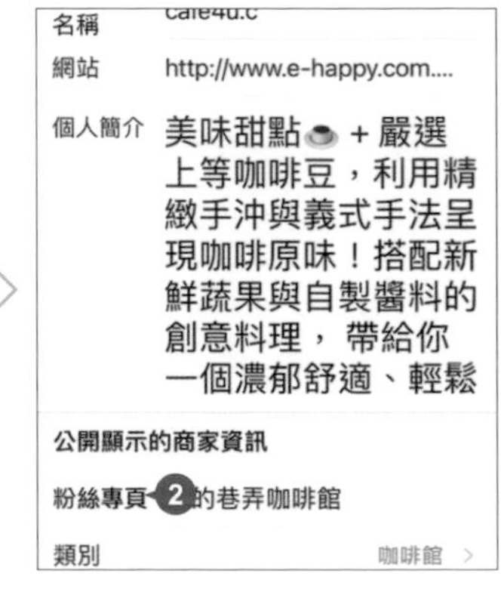

02 於目前你所管理的粉絲專頁清單點選要變更指定連結的 Facebook 粉絲專頁，或點選最下方 **建立新的 Facebook 粉絲專頁**，再點選二次 **完成** 回到個人檔案畫面。

切換專業帳號與個人帳號

Instagram 專業帳號可以隨時切換回個人帳號，但要注意！切換回個人帳號後洞察報告資料會遭到刪除，也無法刊登廣告。

01 於 畫面點選 \ **設定**，再點選 **帳號 \ 切換帳號類型**。

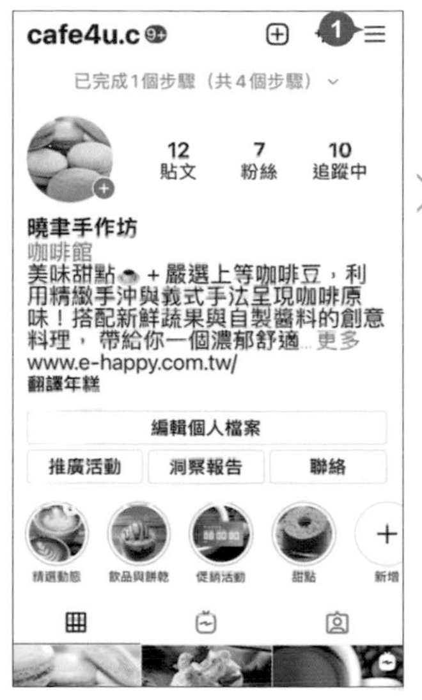

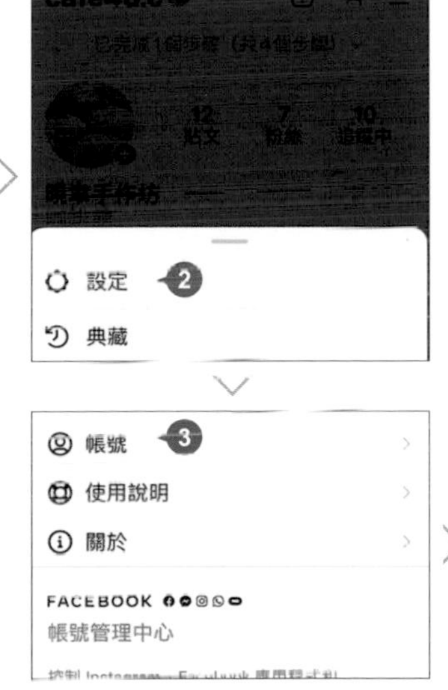

02 可選擇 **切換為個人帳號** 或 **切換為創作者帳號**，若點選 **切換為個人帳號** 會出現相關說明，點選 **切換回去**。

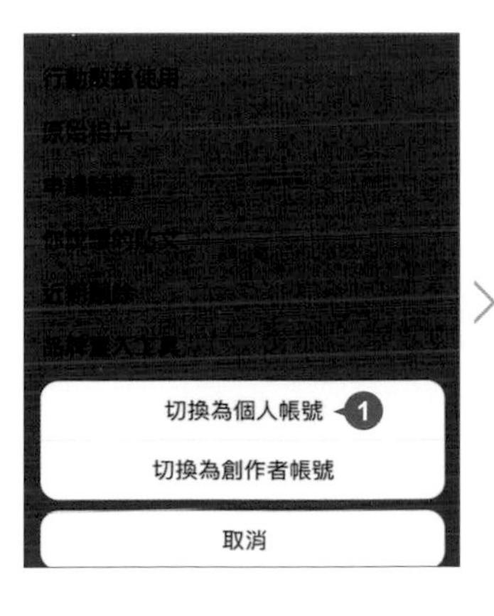

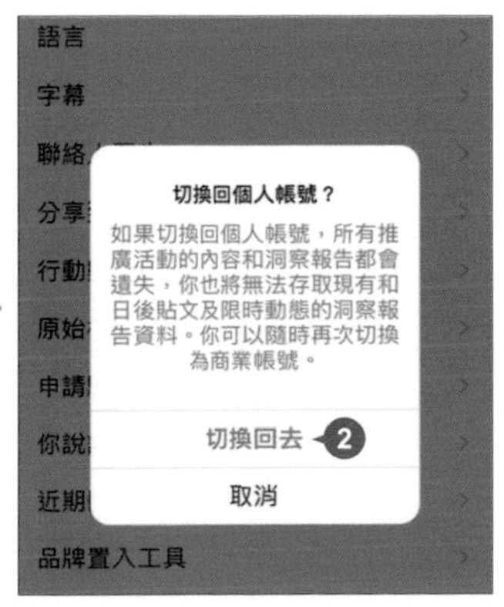

用訊息聊天室與用戶維繫關係

Instagram 專業帳號可以在訊息聊天室管理用戶傳送給你的訊息，也能自動回覆訊息。

顯示已標示的訊息

為訊息聊天室標示旗子，能在清單中快速查找。

01 於 畫面點選 ，點選要標示旗子的訊息聊天室，再點選 ，回到訊息聊天室清單可以看到該訊息聊天室已產生標註圖示。

02 於上方搜尋列點選右側 \ **已標示**，可看到剛剛標註的訊息聊天室。

小提示

看不到用戶傳來的訊息？

專業帳號收到用戶第一次傳送的訊息，會先列入 **陌生訊息** 分類中，你需要點選該用戶名稱確認是否接受其訊息內容，若接受請點選 **接受**，再指定訊息移至 **主要** 或 **一般**。

建立範本快速回覆訊息

為常見問題建立回覆範本，快速回覆訊息聊天室內的問題。

01 於 畫面點選 ☰ \ **設定**，再點選 **商業** \ **預存回覆**。

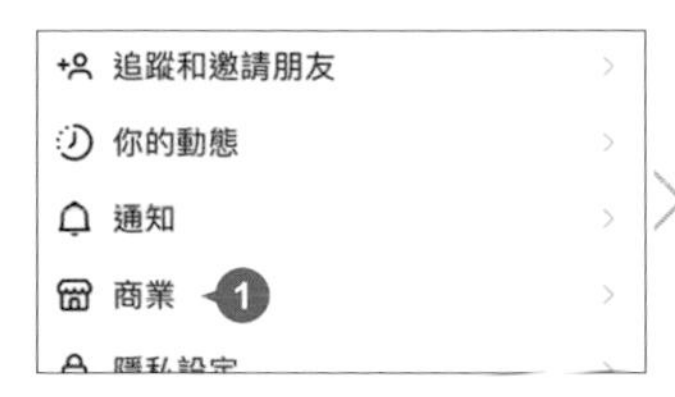

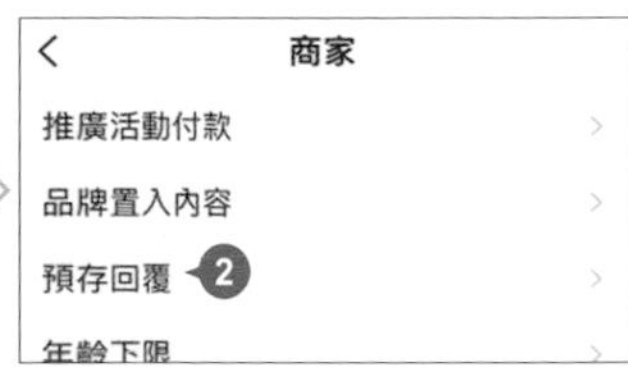

02 首次使用點選 **新增預存回覆** (之後點選畫面右上角 ＋)，於 **捷徑** (或 **快速鍵**) 輸入文字 (若無法輸入中文，可先至其他軟體或平台輸入再複製貼上。)，再於 **訊息** 輸入要呈現的完整訊息，最後點選 **儲存** 與多次 ＜ 回到主畫面。

使用預存回覆

於訊息聊天室，訊息列輸入該捷徑文字時，會出現 ⋯，點選 ⋯ 會產生指定的回覆文字。

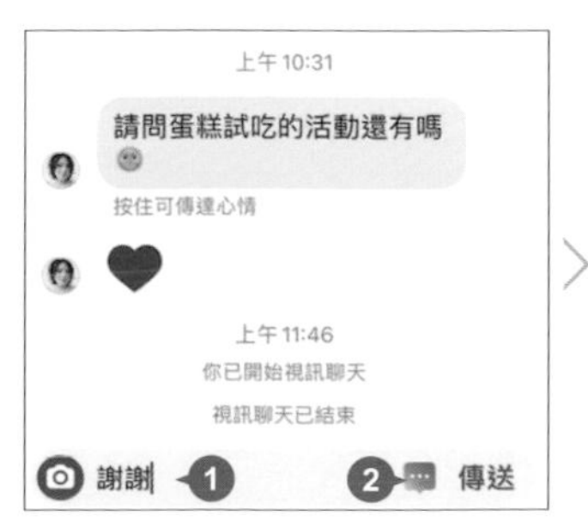

掌握洞察報告大數據，優化經營成效

Instagram 洞察報告包含專業帳號的動態、貼文及受眾有關的衡量指標，可以利用這些數據觸及目標客群帶動實際效益。

關於 Instagram 洞察報告

Instagram 專業帳號，可擁有 **洞察報告** 這項免費服務。從切換至專業帳號開始累積數據，洞察報告畫面提供多種與用戶互動的相關數據，剛開始資訊量尚嫌不足，約一個月後累積了足夠的數據，分析會更為精準。

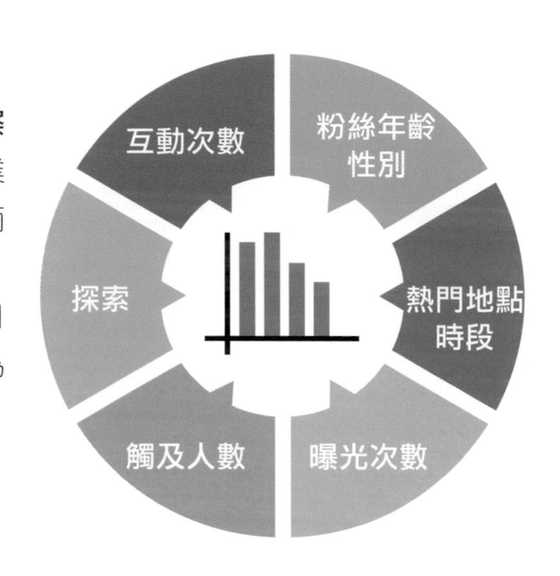

▶ 設計貼文內容或線上活動

洞察報告 針對貼文與限時動態，能依其互動次數、分享次數、按讚次數、留言數量...等數據排序並查看，了解哪些貼文表現得特別好，之後設計貼文內容或線上活動時，透過分析數據了解粉絲喜好與屬性，調整店家定位方向，才能針對廣告受眾投入精準行銷！

▶ 鎖定目標客群

洞察報告 提供粉絲性別、年齡、地點、熱門瀏覽時段...等資訊，對後續行銷來說特別有幫助，可以推測哪些時段發文有比較好的參與率。此外，跨國品牌的社群操作也需考量主要粉絲所在國別與時區，規劃出最好的行銷方案。

觸及與互動人數洞察報告

依過去 7 天、14 天或 30 天內已觸及的帳號總數、內容互動次數、粉絲人數...等數據整理，方便瞭解粉絲整體趨勢以及粉絲對貼文、限時動態的反應，可以點按各個衡量指標，查看詳細的資料解析。

01 於 畫面點選 **洞察報告**，進入報告主畫面。點選右上角的 ，可查看每個指標的定義 (點選上方畫面可回到報告主畫面)。點選左上角的 ，可選擇查看 7 天、14 天或 30 天的洞察報告。

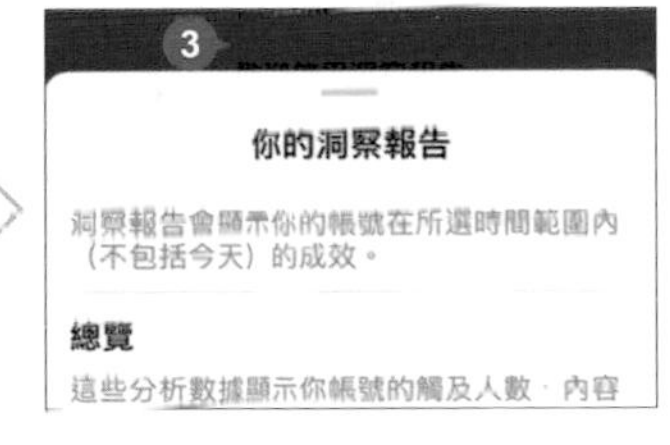

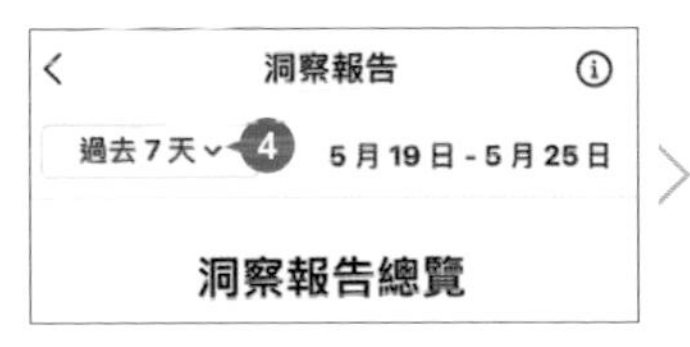

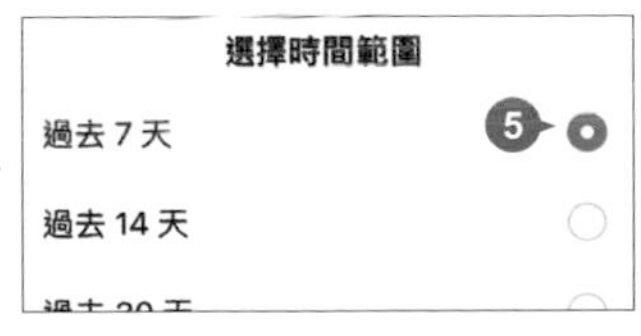

02 **總覽** 區塊包含 **已觸及的用戶人數** 與 **內容互動次數**：

- 點選 **已觸及的用戶人數**，**已觸及的帳號數量** 為指定時間範圍內，不重複的 IG 用戶瀏覽你的 IG 帳號、貼文、限時動態、直播視訊...等內容的總次數。

粉絲和非粉絲、**內容類型** 二個區塊，為指定時間範圍內，依粉絲和非粉絲統計貼文、限時動態、直播視訊及 IGTV 觸及人數。

熱門貼文、**熱門限時動態**、**熱門直播視訊**、**熱門 IGTV 影片** 四個區塊，為指定時間範圍內發布的貼文、限時動態、直播視訊、IGTV 影片項目，依據觸及人數排序，點選右側 > 可以查看更多。

瀏覽次數 區塊，為指定時間範圍內，貼文、限時動態、直播視訊、IGTV 影片被瀏覽的次數。

個人檔案動態 區塊，為指定時間範圍內，用戶對你的個人檔案和網站、通話、規劃路線、寄送電子郵件...等資訊點按的次數。

- 點選 **內容互動次數**，可以查看貼文、限時動態、直播視訊及 IGTV 互動次數詳細資料，包括按讚數、留言數、儲存、回覆、分享...等動作。了解用戶對內容參與、喜愛的程度，也可以看出是否確實掌握了與用戶之間的互動關係。

目標客群洞察報告

依據品牌目標客群，抓準對的內容與時間發布貼文，才能爭取更多曝光度。除了不斷測試與調整發布時段，建議參考洞察報告中粉絲相關資料，精準提供需求，加快粉絲增長速度。

01 於 ⊙ 畫面點選 **洞察報告**，指定時間範圍，點選 **你的粉絲** 區塊的 **粉絲總數**，進入相關畫面。

02 **成長**、**熱門地點**、**年齡範圍**、**性別** 四個區塊，可查看粉絲資訊 (需擁有 100 位粉絲才能查看此資料)。如果數據顯示你的粉絲偏重於男性、45-54 歲，可以偏重這個目標客群的需求，設計合適的文案主題與推廣活動。

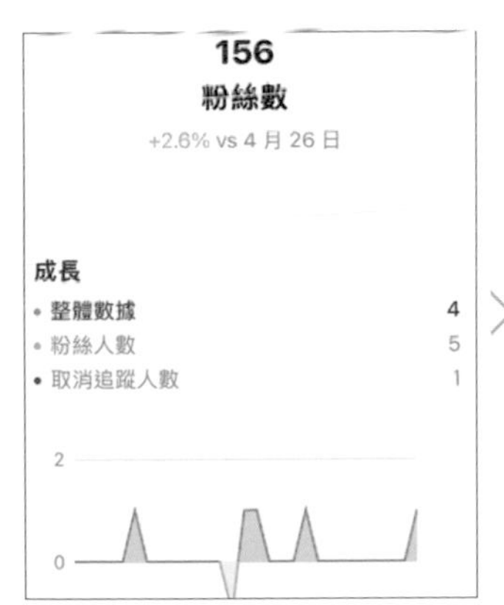

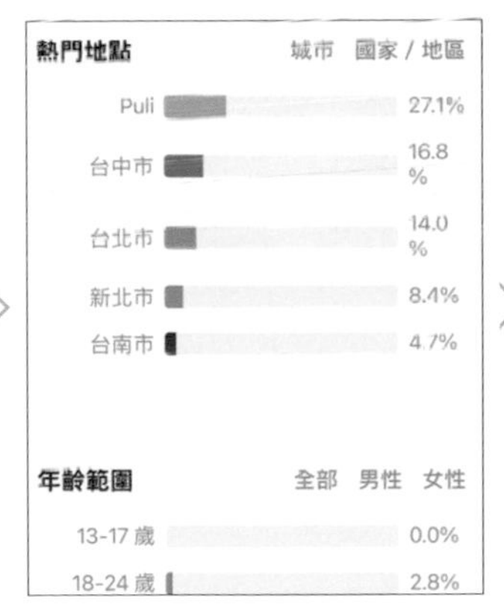

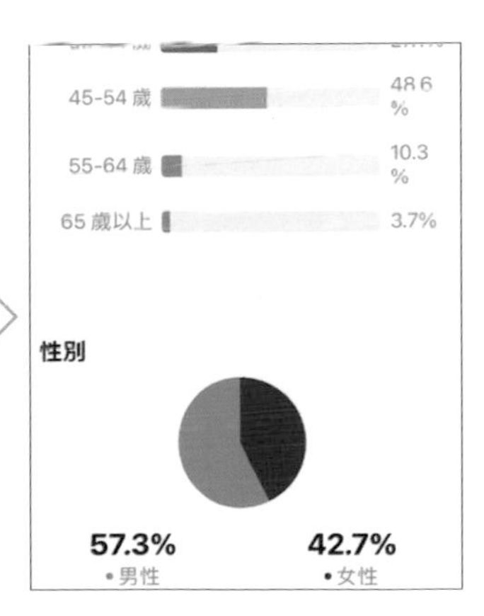

03 **最活躍的時間** 可衡量貼文上傳最佳時間。如果發現每週五的觸及人數較多，表示你的粉絲在那一天較為活躍，因此可以在週五上傳商品與活動訊息，提高粉絲看到訊息並採取行動或與店家互動的機率。

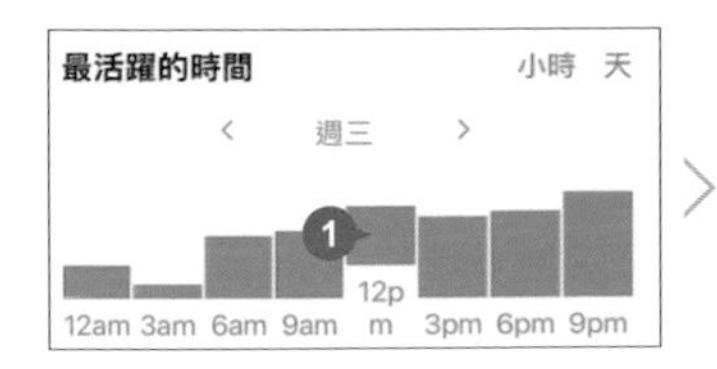

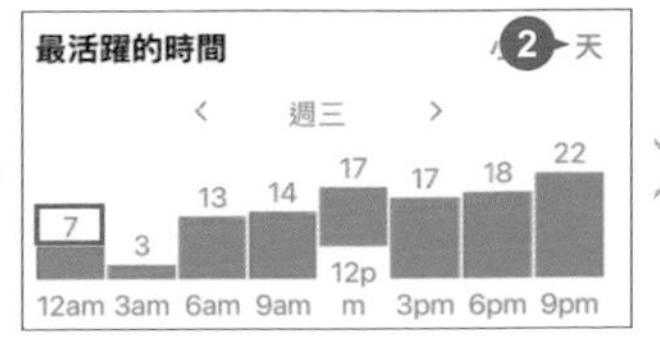

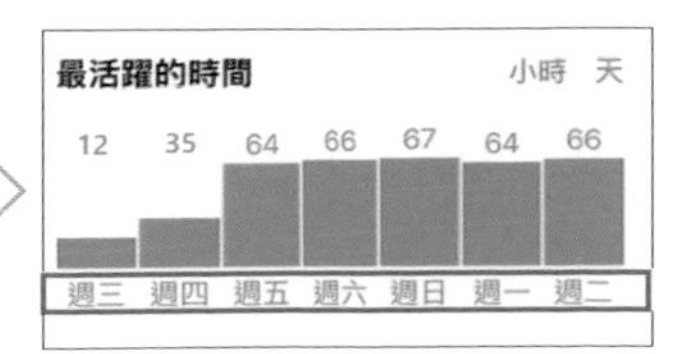

整體貼文、限時動態洞察報告

查看貼文、限時動態的成效。如果發現同一主題活動的限時動態曝光次數高於貼文，表示你的用戶較習慣瀏覽限時動態這類型的訊息，可考量上傳更多限時動態。

01 於 畫面點選 **洞察報告**，指定時間範圍。

02 點選 **你分享的內容** 區塊的 ***則貼文**，可以看到指定時間範圍內所有動態消息貼文，再點選上方條件清單鈕設定查看指標 (可選擇 **曝光次數**)。(查看後，點選左上角 < 可回到洞察報告主畫面)

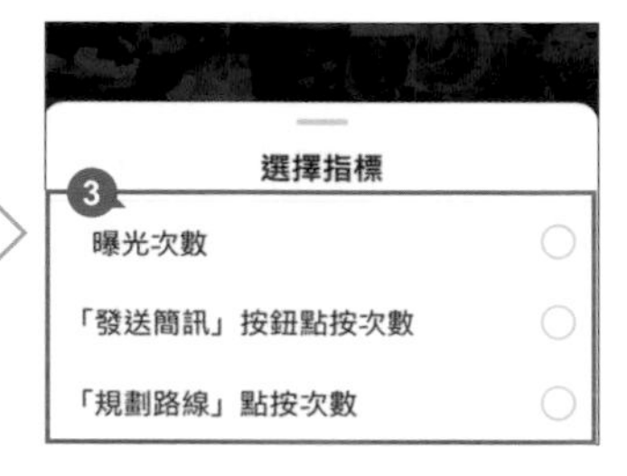

03 點選 **你分享的內容** 區塊的 ***則限時動態**，可以看到指定時間範圍內所有限時動態，再點選上方條件清單鈕設定查看指標。

查看每則貼文的洞察報告

01 於 [icon] 畫面點選 **洞察報告**，指定時間範圍。

02 點選 **你分享的內容** 區塊的 ***則貼文**，可以看到所有的貼文，再點選想要查看數據的貼文。

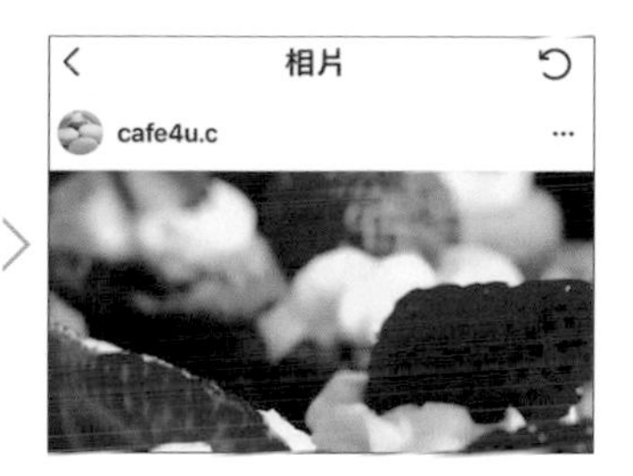

03 點選 **查看洞察報告**，會出現點讚、留言、分享與儲存到珍藏的數量，由下往上滑會開啟詳細說明畫面。

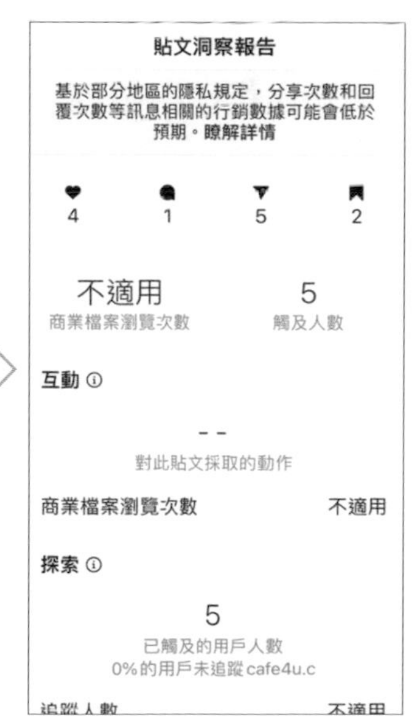

查看每則限時動態的洞察報告

01 於 ⊖ 畫面點選 **洞察報告**，指定時間範圍。

02 點選 **你分享的內容** 區塊的 ***則限時動態**，可以看到所有的限時動態，再點選想要查看數據的限時動態。

03 由下往上滑會開啟詳細說明畫面，點選 ⊞ 會顯示洞察報告。(若下方出現 "有洞察報告可查看時就會顯示在這裏"，表示目前收集到的數據還無法形成洞察報告)。

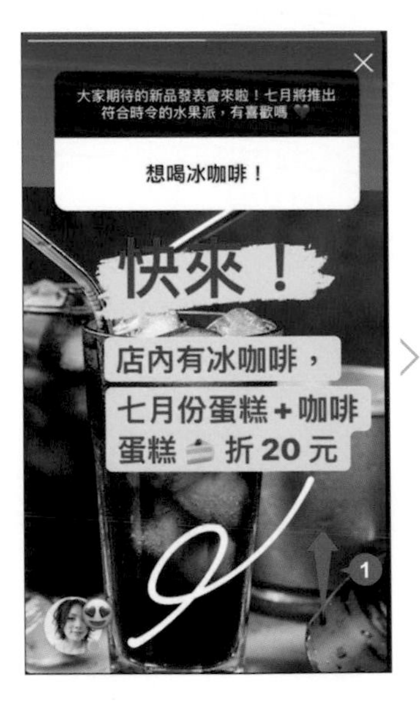

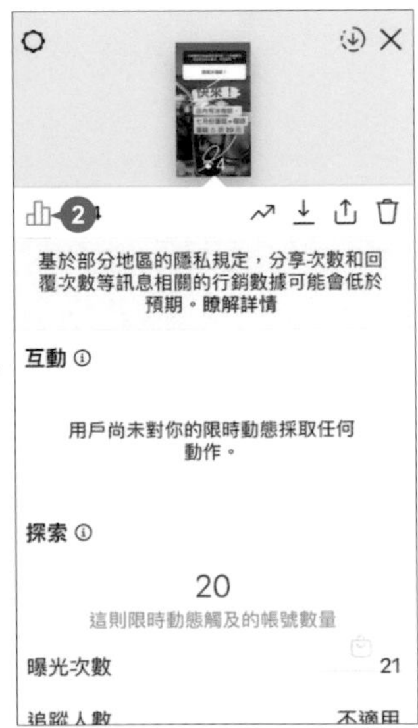

刊登專業廣告活動與行動呼籲按鈕

Instagram 專業帳號可針對貼文與限時動態刊登廣告，增加觀看次數、商品曝光度，並結合行動呼籲按鈕引導用戶購物。

建立廣告與行動呼籲按鈕

01 於 ◉ 畫面點選 **推廣活動 \ 選擇貼文**，清單中點選要推廣的貼文，再點選 **繼續**。(若要推廣限時動態，開啟要推廣的限時動態，點選右下角 **推廣**，再依序完成設定。)

小提示

啟動互聯體驗，設定帳號管理中心

於 **推廣活動** 功能設定過程，若如下圖出現帳號管理中心設定要求，表示目前你的 FB 帳號已與另一個 IG 帳號綁定，必須綁定目前的 IG 帳號才能刊登廣告，點選 **變更 \ 確定 \ 是，完成設定** 完成變更。

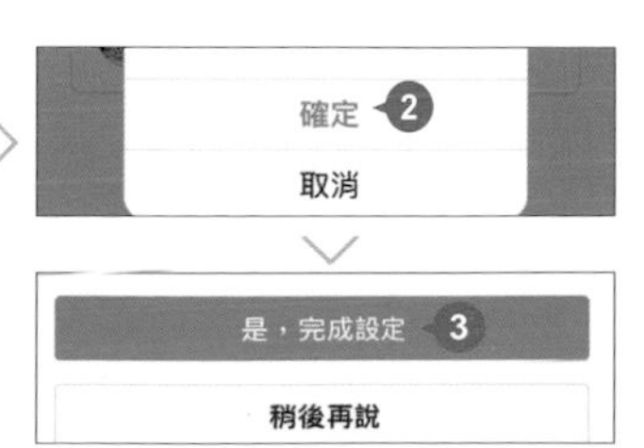

依不同廣告目的，有以下三個選擇項目：

- **更多商業檔案瀏覽次數**：會顯示 **瀏覽商業帳號** 行動呼籲鈕，點選便能直接前往你的商業帳號檔案畫面瀏覽，查看更多。
- **更多網站瀏覽次數**：會顯示 **觀看更多**、**來去逛逛**...等行動呼籲鈕，點選時會導向指定的網站。
- **更多訊息**：會顯示 **發送訊息** 行動呼籲鈕，點選時會發送訊息與店家互動。

在此想指引廣告受眾瀏覽官網，因此點選 **更多網站瀏覽次數**，再點選 **編輯**，輸入指定網站網址，再點選行動呼籲按鈕 **來去逛逛**，最後點選 **完成**、**下一步**。

03

設定你的廣告受眾：**自動** 是由 Instagram 自動選擇目標受眾；建議依想觸及的目標受眾手動建立，在此點選 **建立自訂廣告受眾** (指定的條件在之後推廣其他廣告貼文時也能選用)，接著輸入自訂廣告受眾的名稱、地點、興趣、年齡和性別，再點選 **完成**、**下一步**。

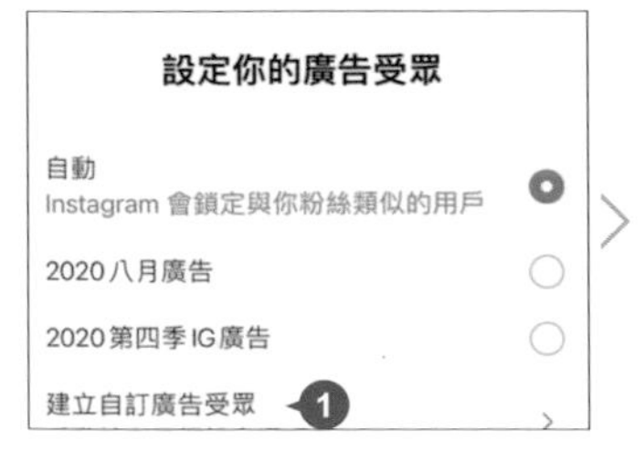

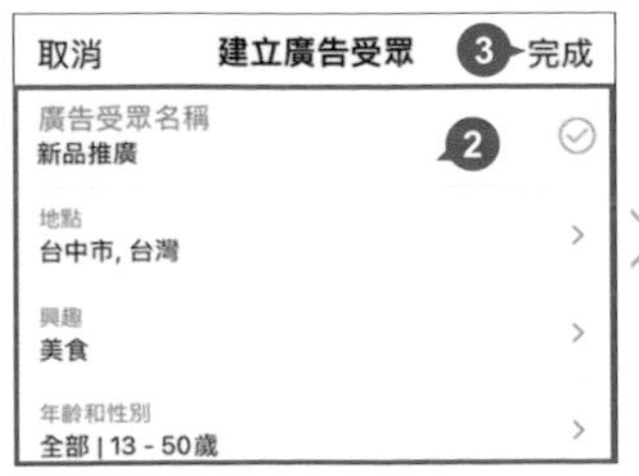

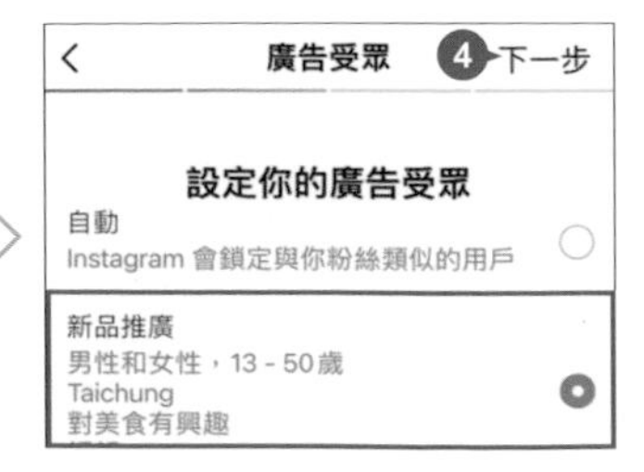

04 規劃 **預算和時間長度**：可依預算決定要投注多少金額以及刊登天數，同時還能預估觸及的人數，因此可以測試多種不同組合，找到最符合預算及效益的方式，再點選 **下一步**。

05 確認廣告內容及付款資訊無誤，點選 **建立推廣活動**，再點選 **確定**，等待審核批准。(審核通過，會於貼文右下角看到標註 "已推廣" 。)

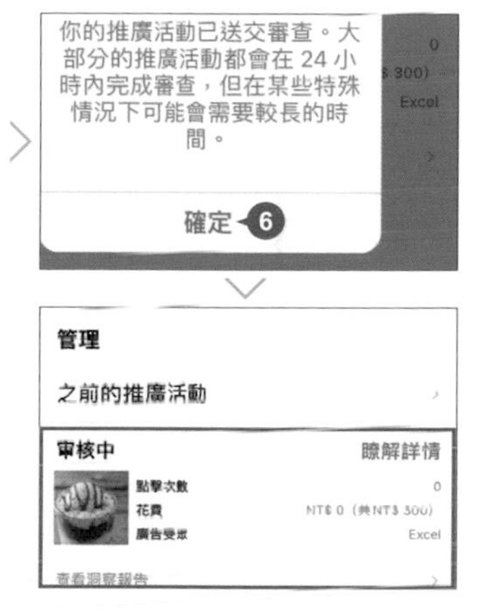

小提示

無法加入付款資訊？

建立推廣活動前一定要加入信用卡資料，如果在加入付款資訊時畫面卡住而無法進行下一步時，建議可以透過電腦瀏覽器開啟 Facebook 粉絲專頁管理介面，設定信用卡的付款資料，再回到 Instagram 操作即會出現付款資訊。

掌握每則廣告成效

廣告能幫助品牌觸及到潛在的用戶以及推廣商品與服務，廣告進行一段時間之後，能於洞察報告看到每則廣告的成效。

01 於 畫面點選 **推廣活動**，畫面下方會有目前正在推廣的活動；點選 **之前的推廣活動**，會有已完成活動的列表，點選各項目下方 **查看洞察報告**，可瀏覽該則廣告成效數據。

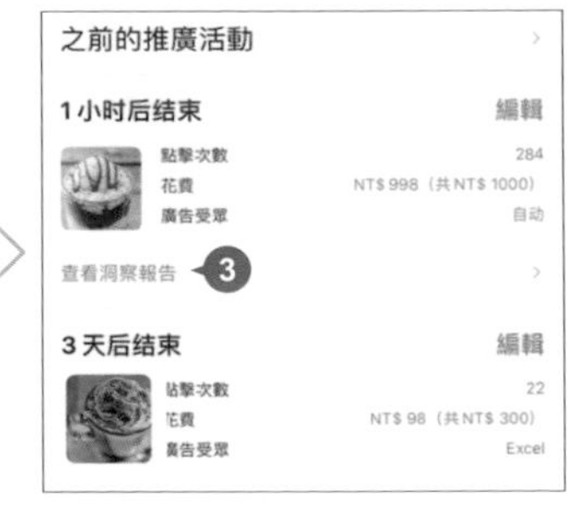

02 推廣期間產生的各式數據資料，可成為下次活動的評估參考。

暫停 / 刪除推廣活動

要暫停正在推廣的活動，可以於 **推廣活動** 畫面該項目右上角點選 **編輯 \ 暫停推廣活動** 或 **刪除推廣活動**；暫停後想要繼續，可以於 **之前的推廣活動** 畫面該項目右上角點選 **繼續**。

統一管理 IG 與 FB 粉專訊息、留言

Instagram 專業帳號透過 FB 後台，能整合 IG 與 FB 平台的訊息與留言，讓店家管理顧客訊息更輕鬆，目前為電腦版限定，需透過電腦網頁操作。

連結 Instagram 帳號

首先需要確定你的 Instagram 專業帳號已與目前要統一管理訊息的 Facebook 粉絲專頁連結 (可參考 P7-24 說明)。接著進入 Facebook 粉絲專頁收件匣如下連結 Instagram 帳號：

01 開啟電腦版瀏覽器 Facebook 頁面，並登入 Facebook 帳號，進入你的粉絲專頁，於左側選按 **收件匣**。

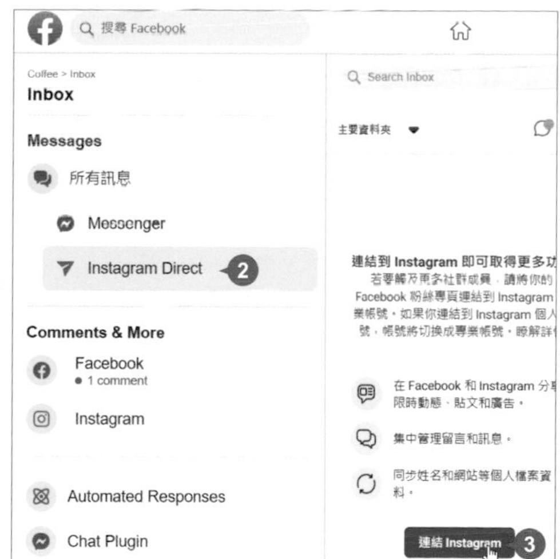

02 選按 **確認**，依連結畫面相關步驟，登入帳號完成連結。

管理訊息

於左側選按 **Messages \ 所有訊息**，可看到 FB 與 IG 二個平台所有訊息，並依時間先後整理，選按 **Messages \ Instagram Direct** 可單獨管理 IG 訊息。

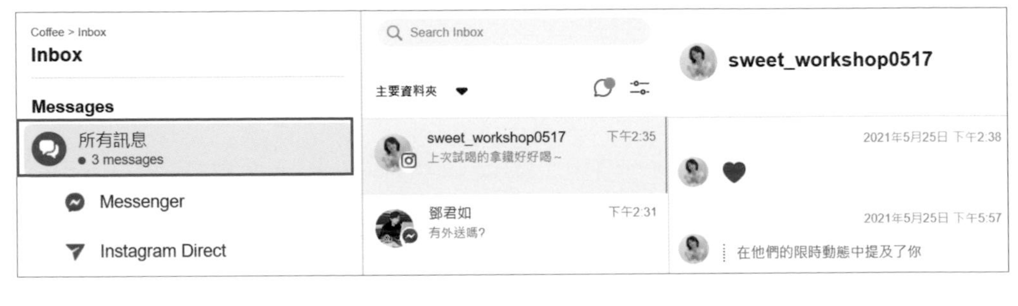

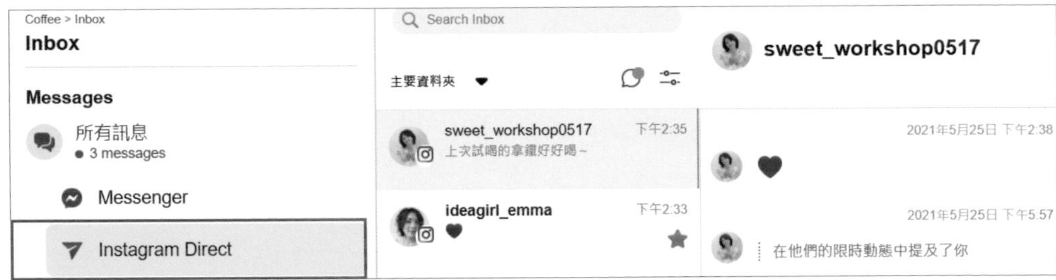

管理留言

於左側選按 **Comments & More \ Facebook** 或 **Instagram**，可分別管理 FB 與 IG 二個平台的留言。

Instagram 排程貼文

小編們最期待的貼文排程功能，Instagram 終於支援啦！目前為電腦版限定，需透過電腦網頁操作。

01 首先需確認 Instagram 帳號已為專業帳號，同時已成功連線 Facebook 粉絲專頁，接著於電腦開啟瀏覽器進入該粉絲專頁後台 **創作者工作坊** 平台：https://business.facebook.com/creatorstudio。

02 選按上方 ◎ 切換至 Instagram 創作者工作坊，若第一次進入選按 **連結帳號** 鈕，選按 **確定** 鈕，輸入 Instagram 帳號密碼選按 **登入** 鈕。

03 於左上角選按 **建立貼文**，目前支援 **Instagram 動態消息** 及 **IGTV** 的線上排程，在此選按 **Instagram 動態消息**。接著輸入貼文內容，再於下方選按 **新增內容**，可選擇 **來自檔案上傳** 或 **來自 Facebook 粉絲專頁** 二種方式上傳圖片。

上傳好的圖片檔案，選按下方工具鈕可再標註朋友、裁切、刪除，編輯好選按 **儲存** 鈕。

04 若要同步發佈到粉絲專頁，可核選粉絲專頁項目再選按 **發佈**，設定立即發佈或指定排程。最後選按右下角 ▾ 指定 **排程** 與排程日期時間再選按 **發佈**。(直接選按右下角 **發佈** 會立即發佈至 Instagram)(若無法選按或輸入排程日期與時間，可以切換瀏覽器再試試。)

05 回到 IG 創作者工作坊，會看到剛才建立的貼文已經在排程中，待時間到即會發佈；點擊 ··· 可以刪除、立即發佈或查看貼文。

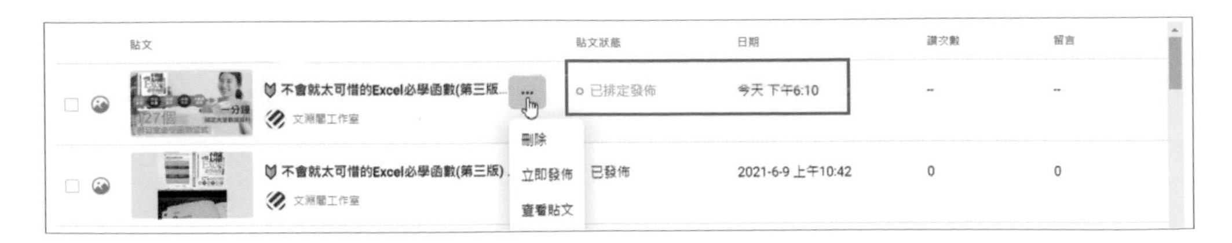

Instagram 購物功能優化品牌銷售潛力

消費行為快速數位化，因應 "社群購物" 趨勢，**Instagram 購物功能** 勢必會成為品牌佈局不可或缺的優勢。

Instagram 購物功能 提供店家建立商店，並可在貼文、限時動態上標註商品，讓潛在用戶或既有顧客只要看到，可於點按後立即展開購物頁面選購與結帳。

▶ 在 Instagram 動態貼文標註商品：當店家在 Instagram 建立含有商品的動態貼文時，可於圖片上標註商品，目前可在單張圖片或影片貼文最多標註 5 項商品，在多張圖片貼文最多標註 20 項商品。

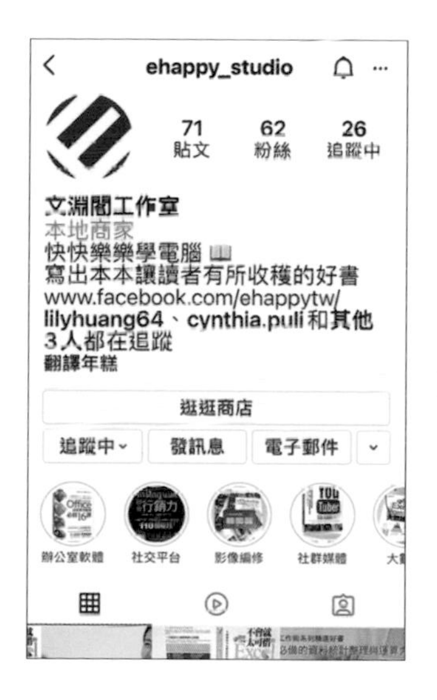

▶ 在 Instagram 限時動態標註商品：當店家在 Instagram 上傳含有商品的限時動態相片、影片時，可以透過商品標註貼紙標註商品，目前每則動態可以新增 1 個商品標註。

▶ 在 IGTV 標註商品：IGTV 是影片行銷的重要工具，直播結束後的影片也可以保存到 IGTV，目前已能為 IGTV 的影片標註商品，但是以購物袋圖示呈現，點按後才會出現商品頁面。

申請 Instagram 購物功能

愈多人願意在社群上互動、消費，開啟 Instagram 購物功能一起為品牌輕鬆獲得訂單。

申請前準備

- Instagram 帳號須為專業帳號，且位於 Instagram 購物功能支援的市場 (目前台灣已開放，可參考官網說明：https://help.instagram.com/321000045119159?ref=fbb_ig_shopping_setup 或 https://s.yam.com/m3ysi)。
- 須連結 Facebook 粉絲專頁，且已建立好商品目錄與商品。
- 販售的商品須為實體商品。

申請與提交審查

01 於 畫面點選 ，再點選 **設定 \ 商業 \ 設定 Instagram 購物功能**。

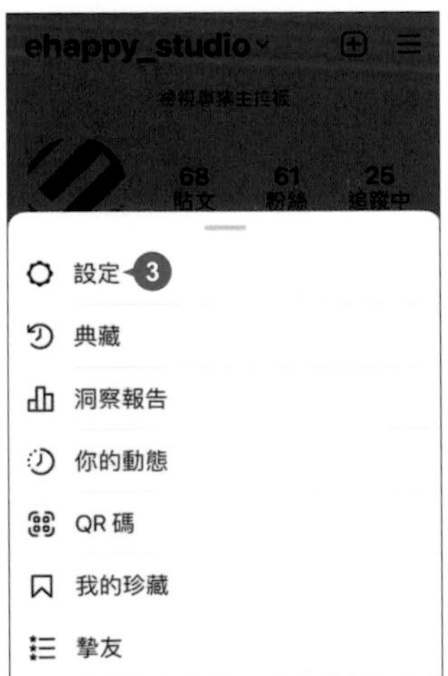

02 符合申請條件可點選 **立即開始**，再點選 **連結 Facebook 帳號 \ 繼續**，依步驟完成帳號登入並點選 **以 (帳號) 的身分繼續**。

03 於 **連結目錄** 點選建立好的商品目錄，再點選 **繼續**，接著點選銷售商品的網域，再點選 **繼續**，最後確認無誤後點選 **提交審查**。

不符合 Instagram 購物功能使用資格

如果出現不符合 Instagram 購物功能的使用資格，可點選 **商業功能資格規定** 開啟官方線上說明，並依說明檢查有哪些項目沒有依照規定完成設定。

不符合 Instagram 購物功能使用資格
你的帳號不符合我們的商業功能資格規定

網域驗證申請

Instagram 專業帳號的購物功能，要求必須直接從你所經營的網站購買上架的商品，所以系統會做 "網域驗證" 的動作，證明你擁有網站網域的所有權。

要設定網域驗證，可以於 Facebook 的企業管理平台中認領網域的擁有權，驗證網域有三種方式：

- 在你的 HTML 原始碼中加入中繼標籤。
- 上傳 HTML 檔案到你的根目錄。
- 更新你網域註冊機構的 DNS TXT 記錄。

驗證網域
選擇一個選項
在你的 HTML 原始碼中加入中繼標籤
在你的 HTML 原始碼中加入中繼標籤
上傳 HTML 檔案到你的根目錄
更新你網域註冊機構的 DNS TXT 紀錄
<meta name="facebook-domain-verification" content="..." />
2. Paste the meta-tag into the **<head>** ... **<head>** section of the website's home page HTML source, and publish the page.
備註：如果中繼標籤程式碼位於<head>區塊外或由 JavaScript 動態載入的區塊，驗證會失敗。
3. 你發佈首頁後，前往http://e-happy.com.tw/並檢視 HTML 原始碼，即可確認中繼標籤可見。

Part

08

小編快看！一定要知道的好用工具

想讓你的 Instagram 更加火熱，可以使用其他工具幫助你，快速設計出相片編排與拼貼，或是善用分析帳號資訊、掌握粉絲動態…等經營神器，輕鬆產出質感滿分的行銷貼文。

Layout 拼貼相片

想讓上傳的相片看起來豐富多樣化，Layout 會是最好的選擇，它可以將相片拼貼編排，讓畫面更有故事性。

Layout from Instagram 是 Instagram 推出的應用程式，讓你可以自由的混搭相片，製作出有趣、獨一無二的拼貼相片，操作非常直覺及順暢，把玩你的創意，編輯出最具特色的設計版面。

iOS

Android

用 "Layout" 關鍵字搜尋並安裝 應用程式，或是掃描上方的 QR Code 安裝，完成後點選 開啟。

第一次進入後會看到一些簡易說明畫面，用手指向左滑動直到可點選 **開始製作** (或 **開始使用**)，接著點選 **允許取用所有照片** 存取手機相片、媒體。

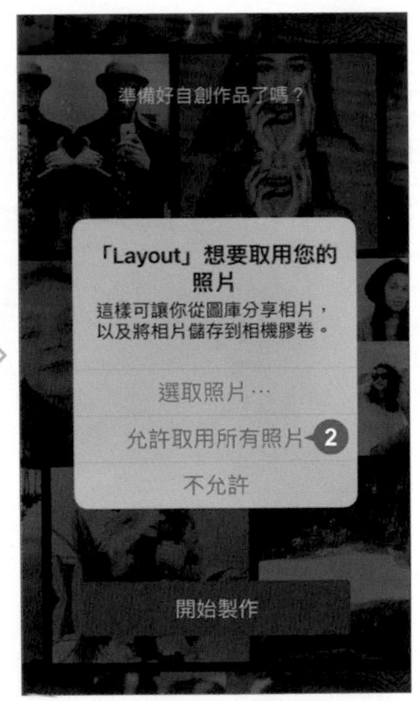

使用 PHOTO BOOTH 拍照與拼貼

Photo Booth 是以固定計時的方式幫你完成自拍照，方便又好使用。

01 點選 **PHOTO BOOTH** 開啟拍照畫面 (限自拍模式，如出現相機存取權，再點選 **允許**)，點選畫面下方 4 設定要拍攝的張數 (1~4 張)，點選 開始拍照。

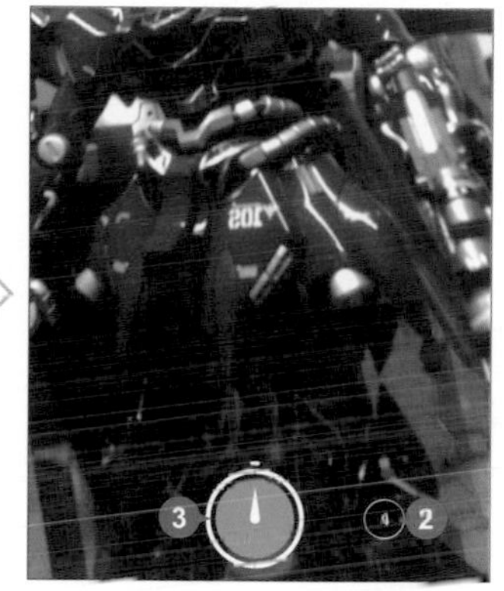

02 上的指針圖示會像計時器一樣繞一圈，每繞完一圈會拍攝一張相片，完成指定張數後會自動完成拼貼，再於畫面上方版面預覽處，向左滑動變更不同的版面設計，點選合適版面。

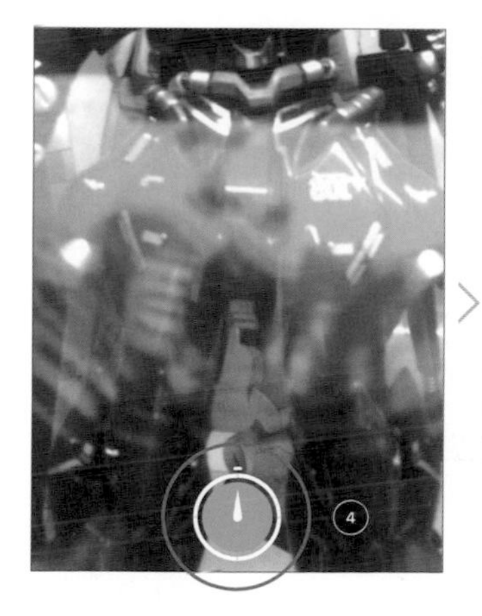

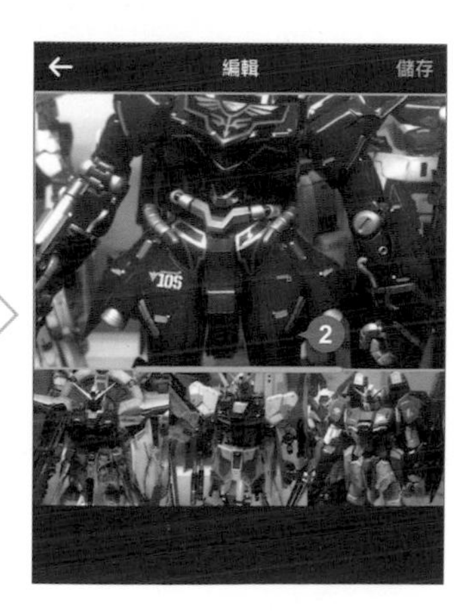

變更版面設計及替換相片位置

可依你喜愛的方式拼貼相片的尺寸，並調整出合適的大小或位置。

01 直接拖曳要替換位置的相片至另一處，放開手指即完成；若想變更版面框的尺寸，在點選該版面框後，拖曳藍色框調整為所需要的大小。

02 使用手指在版面框內拖曳可調整相片位置；若是要放大版面框內相片的尺寸，使用 2 根手指縮放並拖曳可同時調整大小與位置。

替版面加上框線

於畫面下方工具列，向左滑動到底，點選 [icon]，可看到相片與相片之間加上白色線條。

儲存相片檔

完成相片拼貼設計後，於畫面上方點選 **儲存** 可將其存在手機中，再點選 **DONE** (或 **完成**)，可以回到主畫面。(如果要直接發佈至 Instagram，可以點選 [icon]，再依步驟操作。)

使用圖庫的相片拼貼

使用手機中的相片設計拼貼，最多一次可以選擇 9 張。

01 於畫面下方點選 **最近項目** (或 **圖庫**)，點選欲製作拼貼的相片 (最多 9 張)，再於畫面上方點選合適的版面樣式。

02 依前面說明的操作方式，調整相片拼貼位置與大小，再點選 ◫ 加上邊框，完成後於畫面上方點選 **儲存**，再點選 **DONE** (或 **完成**)。(如果要直接發佈至 Instagram，可以點選 ◎，再依步驟操作。)

九宮格相片 9 Cut

九宮格相片是 Instagram 裡蠻有特色的相片展現方式，將指定的相片完美切割成 9 張相片。

切割好相片後，一張一張上傳至 Instagram，讓你的個人檔案畫面形成拼貼狀的編排。

iOS　Android

用 "九宮格切圖" 為關鍵字搜尋並安裝，或是掃描上方的 QR Code 安裝，完成後點選  開啟。

01 第一次進入需點選 **繼續 \ 打開相冊**，若要求存取權，點選 **允許取用所有照片** (或 **允許**)，進入圖庫或相簿中。

02 點選欲切割的相片，於畫面下方點選合適的模式，在此點選 **經典** 的九宮格項目，再點選 **保存**，完成後會顯示相片已成功保存至相簿中。

03 開啟 Instagram，於畫面下方點選 ⊞，可以看到剛剛切割好的相片 (切割好的 9 張相片前、後會各有一張手指圖示相片，方便你找尋這 9 張相片)，如下圖依序由清單中的第一張相片開始 (相片切割後，部分手機於相簿中排列的先後順序不一樣，需由九宮格切割的右下角相片依序上傳)，一張相片一則貼文，完成後可以在個人檔案畫面看到如右圖所顯示的滿版九宮格大拼圖效果。

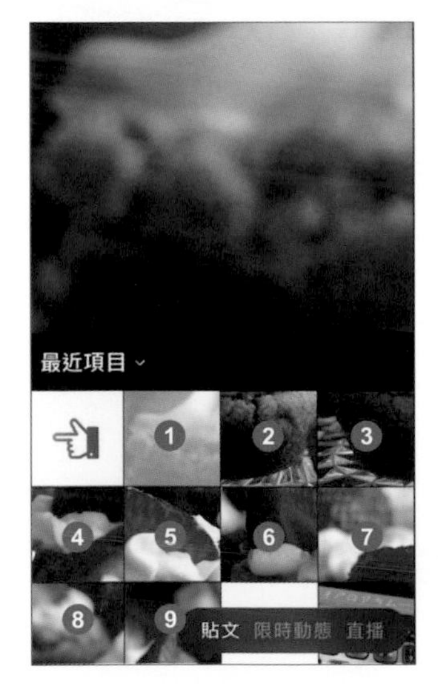

Canva 精美的版面設計

不用再傷腦筋該如何放置相片、文字配色及編排，動動手指輕鬆完成 Instagram 限時動態與貼文的設計。

Canva 擁有大量的設計模版，你只要將模版中的相片或文字，套用上自己的內容，也能成為平面設計大師。

iOS

Android

用 "Canva" 關鍵字搜尋並安裝 Canva 應用程式，或是掃描上方的 QR Code 安裝，完成後點選 C 開啟。

第一次進入需點選合適的帳號註冊 (這裡點選 **使用 Google 帳號註冊**)，依步驟完成帳號與密碼的輸入後，點選 **允許**，接著在進行何種用途畫面中點選合適的類別，進入 Canva 主畫面。

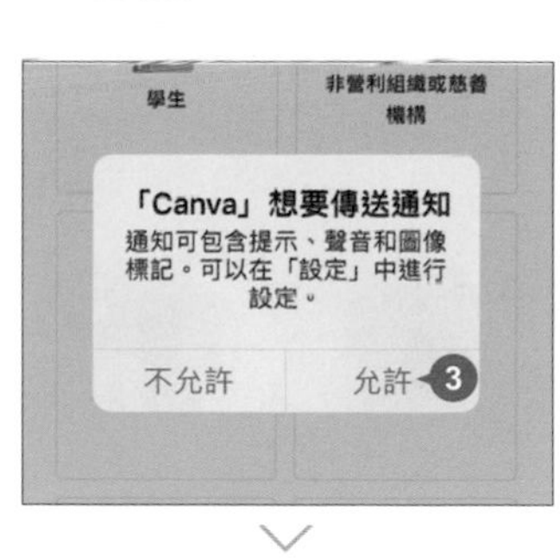

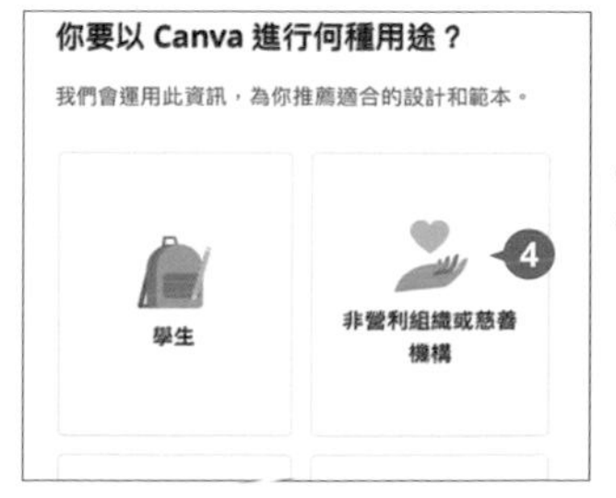

Instagram 貼文、限時動態的版型

主畫面有 Instagram 貼文、Instagram 限時動態、Facebook 貼文...等設計類型供你使用，點選進入後，向上或向下滑動畫面找出喜愛的版型後，點一下縮圖可以開啟該版型。(也可以於搜尋列輸入關鍵字找到合適的版型套用。)

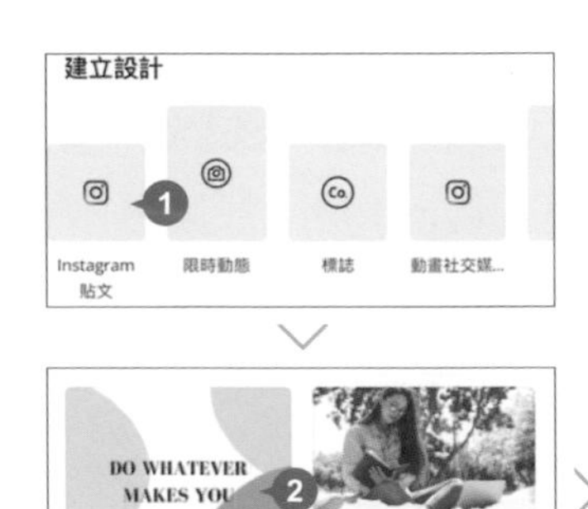

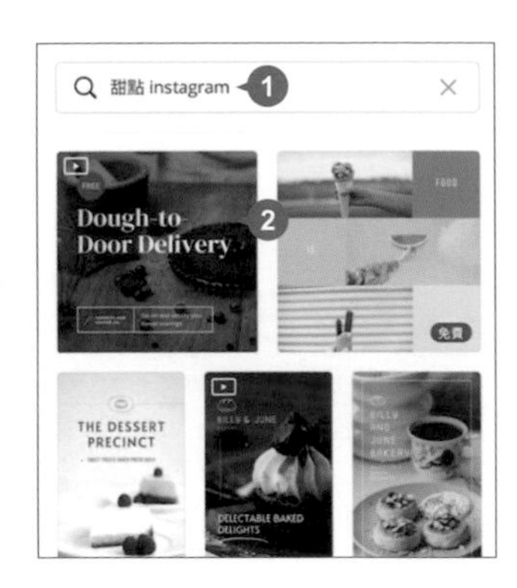

套用相片與修改文字內容

01 初次使用會要求相片、媒體和檔案，以及拍照、錄影的權限，均點選 **允許**，接著於版型的相片上點一下，下方項目點選 **取代**，進入圖庫或相簿中，點選欲使用的相片縮圖套用。

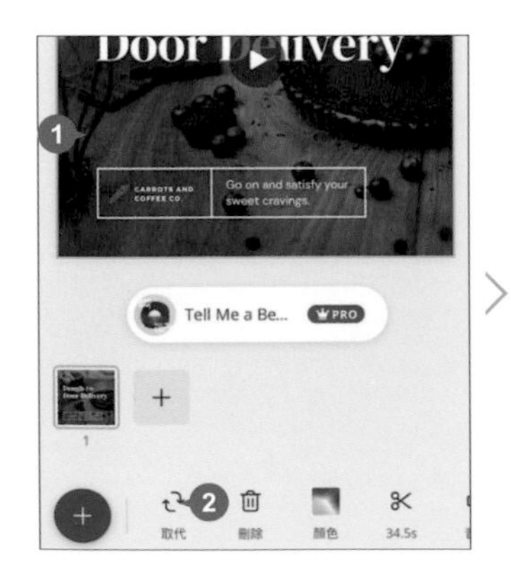

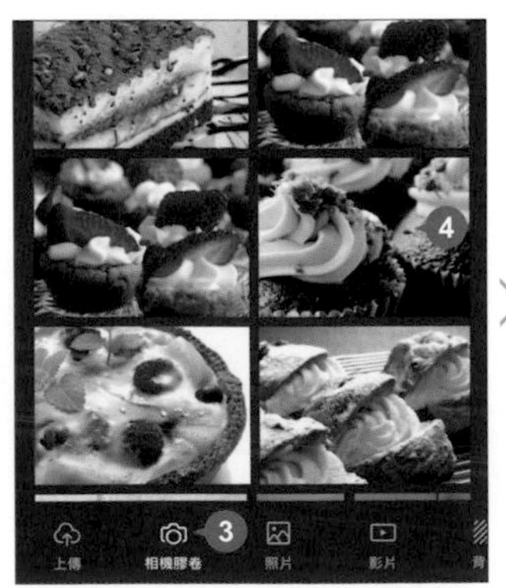

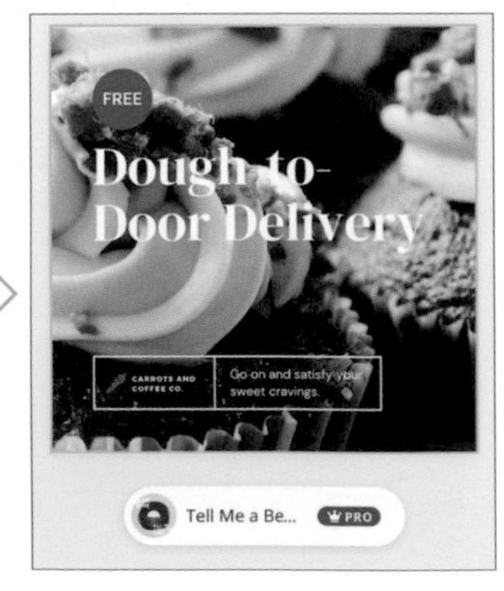

02 於相片上連點二下，可以調整相片大小及位置，完成調整後點選 **完成**。

03 相片素材選取狀態下，滑動下方項目點選 **濾鏡**，再點選要套用的濾鏡效果，拖曳下方滑桿調整出合適的強度後，點選 **完成** (或 ✕)。

04 點選群組素材，於下方項目點選 取消群組，在其他位置點一下取消選取狀態，再於要修改的文字素材上連點二下，進入編輯狀態，可以刪除文字並重新輸入合適內容，完成後再點一下其他位置取消選取。

05 點選文字素材呈選取狀態，於下方項目點選 Tt **字型**，清單中點選合適字型，再點選 **完成** (或 ✕)。接著點選 Tt **字型尺寸**，拖曳滑桿調整合適尺寸，再點選 **完成** (或 ✕)。最後可點選 ※ **效果**，為文字素材套用合適效果，點選 **完成** (或 ✕) 完成文字設計。

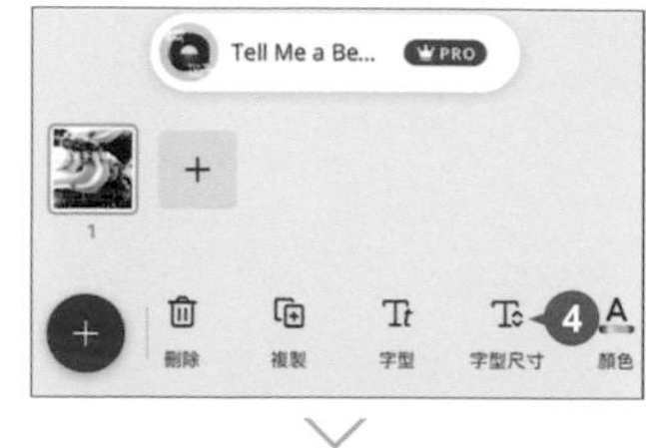

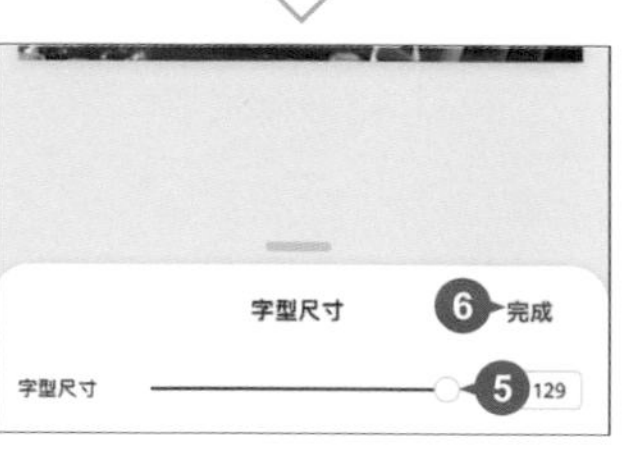

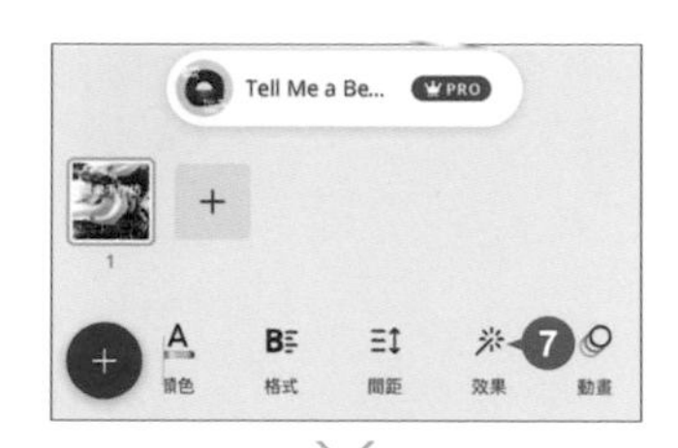

06 在文字素材選取狀態，拖曳移動至合適位置擺放；點選欲刪除的素材，於下方項目點選 🗑 **刪除** 刪除該素材 (若是群組物件需再點選 **刪除群組**)。最後依相同操作方式完成其他文字的修改、移動及效果套用完成編排設計。

儲存作品並上傳到 Instagram

01 輸出前先檢查素材中是否有需付費的項目，調整後於畫面右上角點選 \ **Instagram 個人** (或 **Instagram 貼文**)，再點選 **繼續**。

02 接著會顯示 "設計準備中" 的動畫效果，完成後出現提示對話方塊點選 **打開**，點選 **動態** (或 →)，接著依步驟完成 Instagram 貼文。

分享別人的 Instagram 貼文

看到別人的 Instagram 貼文想轉發分享，除了以私訊傳送，還能直接轉發到自己的貼文牆或是限時動態上。

Repost for Instagram 是一套免費應用程式，可以將 Instagram 公開帳號的貼文轉發，如果是私人帳號則無法轉發。(轉發別人的貼文時別忘了介紹原貼，尊重版權所有。)

用 "Repost" 關鍵字搜尋並安裝 Repost for Instagram 應用程式，或掃描上方的 QR Code 安裝，完成後點選 開啟。

01 於畫面右上方點選 會開啟 Instagram 應用程式。開啟後滑動畫面至想轉分享的貼文，於貼文右上角點選 ··· \ **複製連結**，切換回 Repost for Instagram，會自動將剛剛複製連結貼上來。

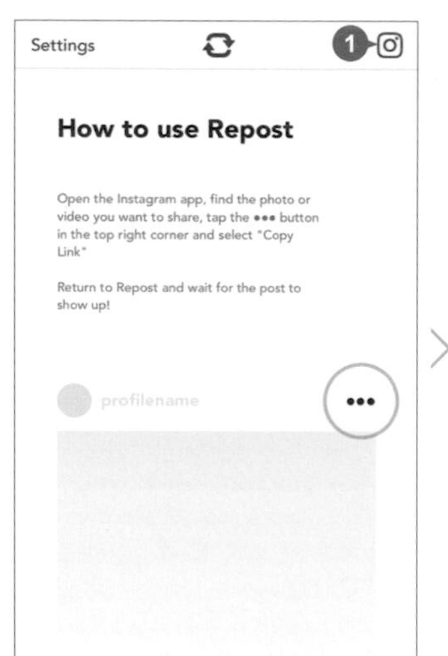

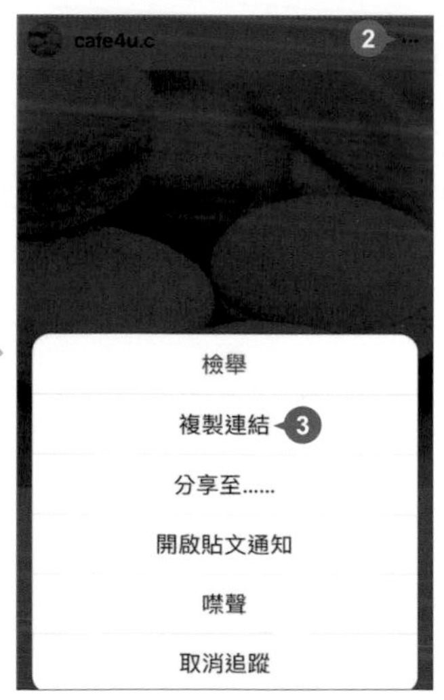

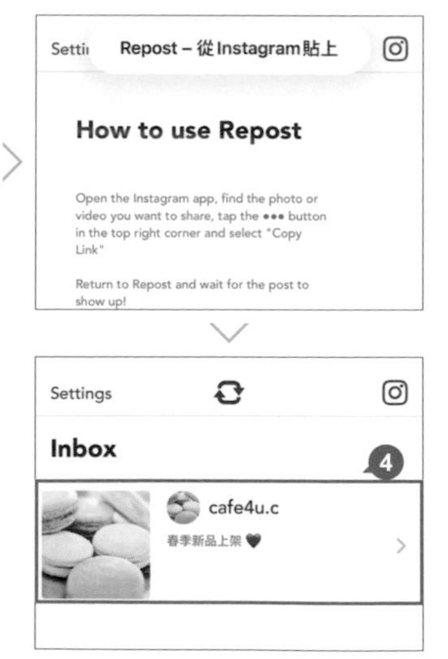

02 於清單中點選欲轉發項目，該內容會標注原貼文帳戶名稱的資訊，預設是擺放在圖片左下角，點選 **Bottom left**，設定好合適的背景色與位置後，點一下左上角 < 回到上一個畫面。(Android 系統沒有此設定)

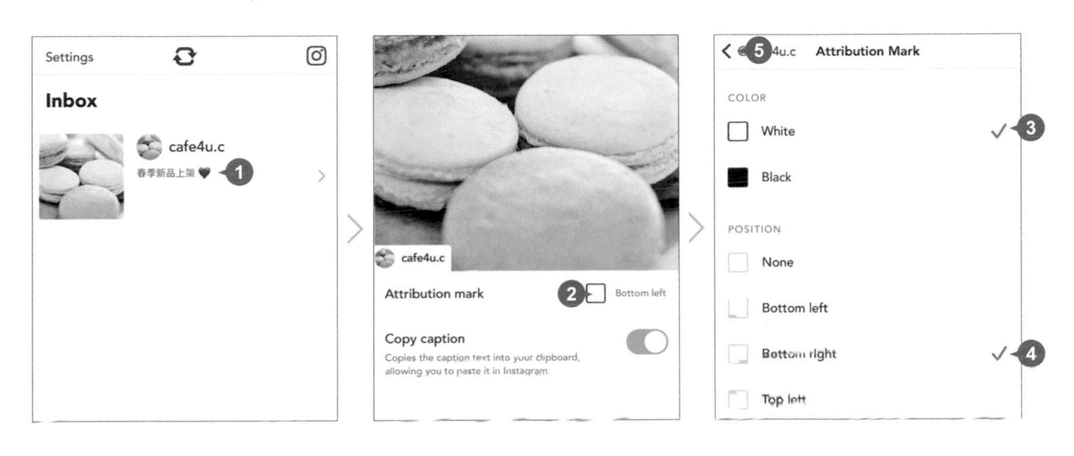

03 點選 **Share**，再點選 **動態**，會再開啟 Instagram，依步驟完成貼文流程即可。(Android 系統可選擇傳送至限時動態 、訊息或貼文)

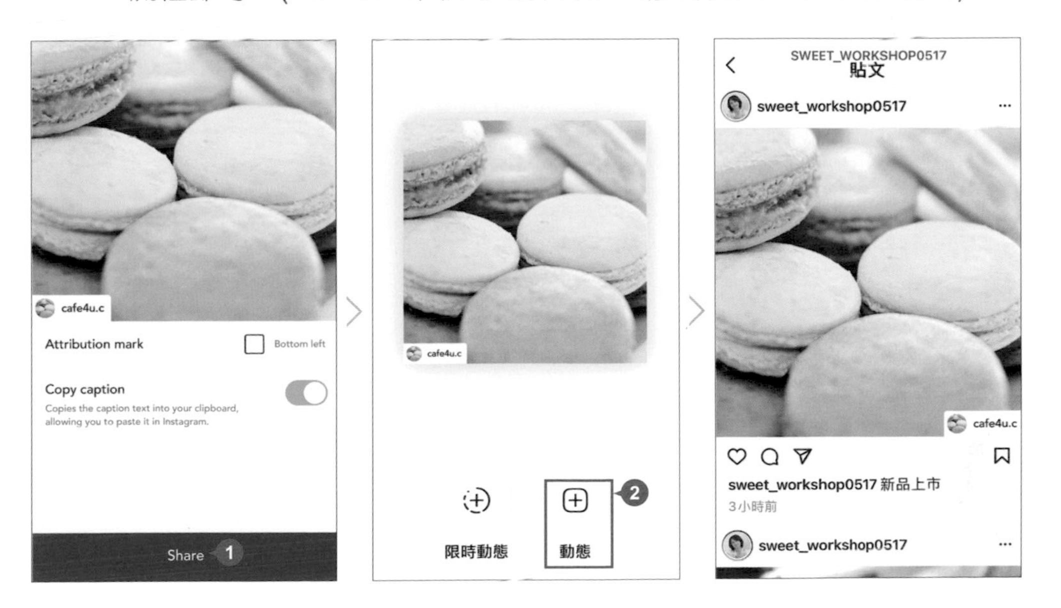

掌握並分析你的 Instagram 帳號

想在 Instagram 累積一定數量粉絲，除了花心思在貼文內容，解析粉絲與你的互動狀態，也是很重要的一環。

IG Followers 粉絲追蹤可以讓你了解近期新增了多少追蹤者，或是有哪些人取消追蹤，還能幫你統計總共獲得多少讚和上傳多少相片...等，讓你躍升為 Instagram 超級小編。

iOS

Android

用 "IG Followers" 關鍵字搜尋並安裝 IG Followers - 退追蹤 & 粉絲追蹤應用程式，或掃描上方的 QR Code 安裝，完成後點選 開啟。

登入並連接 Instagram 帳號

IG Followers 需連結 Instagram 帳號才能讀取到正確的資料。

01 第一次進入畫面需點選 **使用 Instagram 登錄**，接著輸入帳號與密碼，點選 **登入**，重要通知點選 **允許**。(如有設定兩階段驗證，收到簡訊輸入驗證碼後，點選 **確認**。)

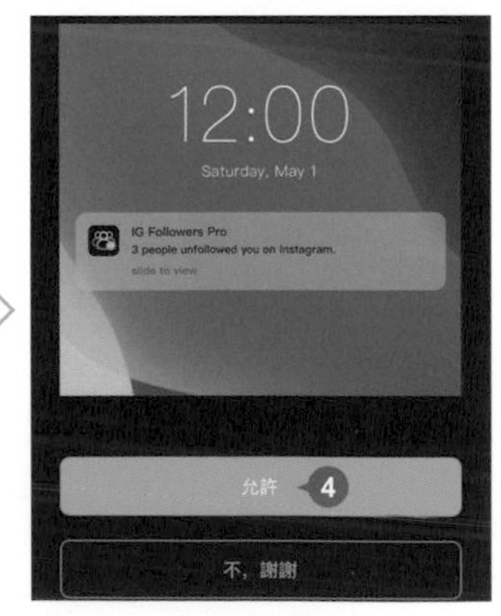

02 點選 **儲存資料**，如出現推播通知點選 **允許**， 待連接完成可在主畫面中看到你的帳號資訊。

追蹤或關注粉絲帳號

點選 可更新資訊，下方清單中可點選想查詢的項目，例如點選 **我沒有關註回的人**，會顯示已有追蹤你，而你卻沒有追蹤的帳號。

分析粉絲或是查詢最受歡迎的內容

點選 **受眾**，可檢視 **互動最多**、**錯過的聯系**、**僵屍粉絲**...等相關項目的歷史記錄；點選 **互動**，可檢視你個人帳號中 **最流行的圖片** 以及 **最流行的視頻** 最近或是上傳至今，粉絲與你互動最多的歷史記錄。(部分功能需付費訂閱後才可使用)

以匿名的方式觀看限時動態

點選 **首頁**，滑動畫面至最下方，在 **匿名觀看 Story** 可以匿名的方式觀看你追蹤帳號中，有發佈限時動態的帳號。(初次可免費觀看，之後若想繼續觀看則需要付費訂閱。)

Part

09

國內外知名 Instagram 玩家推薦

觀摩國內外知名 Instagram 帳號的獨特經營方式，不論是拍照、後製、主題、文案...等，讓你也能深受粉絲喜愛，貼文兼具獨特性，打造出亮眼的個人、品牌魅力。

從不同角度捕捉世界的美

許多人喜愛以拍照紀錄生活，看看世界各國的用戶如何以不同的視野拍出他們心中的美景。

@ihavethisthingwithfloors

I Have This Thing With Floors

粉絲人數：76.9 萬

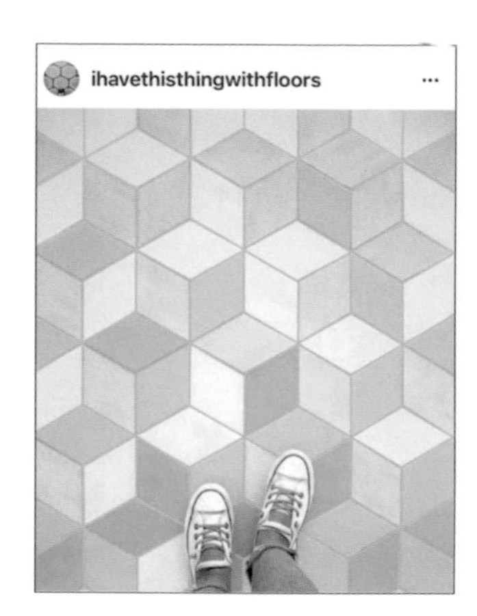

天天踩在腳底下的地板或許不起眼，但這個由三個朋友組成的帳號，他們發掘世界各地的地板設計讓人驚豔，粉絲數也不斷攀升。

@santiagoborja

Santiago Borja

粉絲人數：10.8 萬

一般人很少有機會進入機長室，這位機長透過不同的視野，拍出機長專屬的天空，讓粉絲對他每次的更新都超期待。

@civilking

Mehmet Kırali

粉絲人數：111 萬

當遇到美麗的風景卻不知道如何拍攝，可以參考其多樣的拍攝場景及角度，不論是雪地、貧民窟、鹽田...等都能找到吸睛的視角，所有的相片也都保持同一種色調，不會過份突兀或飽和。

@hunter_lawrence

Hunter Lawrence

粉絲人數：10.3 萬

Lawrence 家庭共有 5 個 Instagram 帳號，包括老公、老婆、狗、攝影及家飾，拍攝的作品包括他們四處旅遊的合照或獨照，每張相片都能感受到其中的情感與故事性，當然也包括他們心愛的狗狗。

發現潮流與時尚

擔心穿搭沒靈感，想掌握最新街拍時尚、潮流話題，先追蹤這些用戶再說！

@sfgirlbybay

Victoria Smith

粉絲人數：21.5 萬

拍攝的場景都比較生活化，如果覺得不知道如何拍攝一般的生活空間，可以參考她的拍攝重點及後製方式。

@groehrs

Gretchen Röehrs

粉絲人數：7.4 萬

創意令人莞爾一笑，結合水果、零食或是生活小物，再加上簡單的黑色線條，表現出不同的女性風采。

@kenlu_net

KENLU.net

粉絲人數：3.4 萬

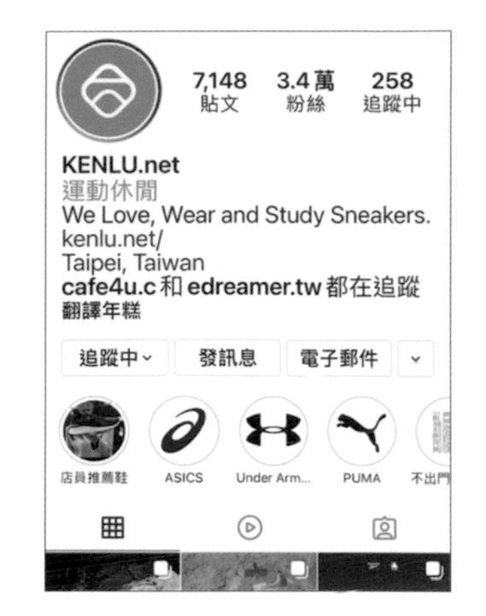

台灣的愛鞋人，想必一定聽過 Kenlu.net 勘履者網站，從 2001 年起投入球鞋文化深耕的平台，介紹球鞋新發售的第一手資訊，專業分析、心得及資深鞋評，拍攝方面，以同為愛好者的角度將球鞋拍的像精品，不論是背景、打光都很值得參考。

@ouo_catnap

Catnap (つoωo)つ*野貓一枚

粉絲人數：3.8 萬

總是寫字，時常也寫字，寫我想說的。Catnap 野貓喜歡將一些時事或是心情寫在紙上面呈現，所寫的字除了好看，文章內容也容易勾起粉絲們的共鳴。

色香味交匯而成的美食天堂

雖然每個人都愛享受美食，但要拍出時尚又好看的美食相片，其實有許多你不知道的技巧與創意。

@girleatworld

Mel's Food & Travel log

粉絲人數：35.3 萬

美食相片除了色彩豐富，背景的襯托也很重要，呈現享受美食當下的風景，用手拿著食物近拍主體，也成為特有的風格。

@symmetrybreakfast

Michael Zee

粉絲人數：72.1 萬

將每天所做的早餐上傳分享，透過高超的攝影技法與精美的擺盤，讓人感受到這充滿愛的早餐，也是這位 Instagram 用戶想傳達的想法。

@4foodie

4foodie 台北美食 台中美食 日本美食 美國美食

粉絲人數：41.6 萬

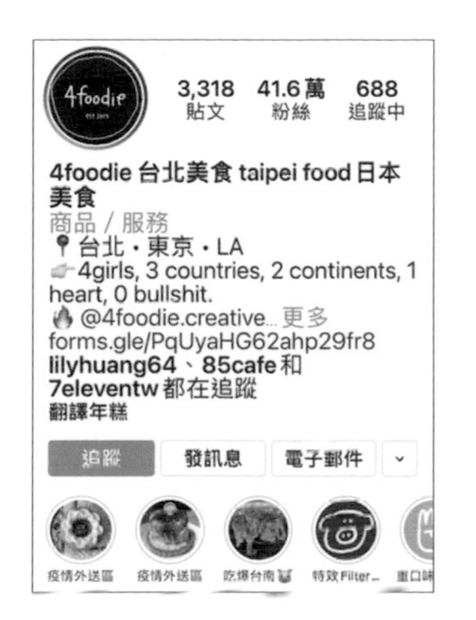

食物拍攝風格鮮明，利用動作或擺設營造出食物的氛圍，不論是單獨拍攝、加手、加餐具、層疊式側拍...等都令人垂涎欲滴。

@yummyday_tw

YummyDay 美味日子

粉絲人數：21.9 萬

囊括了台灣各地的美食，更有連鎖店提供的最新消息，例如：新商品或是集點換物，是個美食資料豐富而且更新率、點讚數很高的帳號。

超人氣Instagram視覺行銷力(第二版)：小編不敗，經營 IG 品牌人氣王的 120 個秘技！

作　　者：文淵閣工作室 編著 / 鄧文淵 總監製
企劃編輯：王建賀
文字編輯：詹祐甯
設計裝幀：張寶莉
發 行 人：廖文良

發 行 所：碁峰資訊股份有限公司
地　　址：台北市南港區三重路 66 號 7 樓之 6
電　　話：(02)2788-2408
傳　　真：(02)8192-4433
網　　站：www.gotop.com.tw
書　　號：ACV043300
版　　次：2021 年 07 月二版
建議售價：NT$380

國家圖書館出版品預行編目資料

超人氣 Instagram 視覺行銷力：小編不敗，經營 IG 品牌人氣王的 120 個秘技！/ 文淵閣工作室編著. -- 二版. -- 臺北市：碁峰資訊, 2021.07
面；　公分
ISBN 978-986-502-889-3(平裝)
1.網路行銷　2.網路社群
496　　110011130

讀者服務

- 感謝您購買碁峰圖書，如果您對本書的內容或表達上有不清楚的地方或其他建議，請至碁峰網站：「聯絡我們」\「圖書問題」留下您所購買之書籍及問題。(請註明購買書籍之書號及書名，以及問題頁數，以便能儘快為您處理)
http://www.gotop.com.tw

- 售後服務僅限書籍本身內容，若是軟、硬體問題，請您直接與軟體廠商聯絡。

- 若於購買書籍後發現有破損、缺頁、裝訂錯誤之問題，請直接將書寄回更換，並註明您的姓名、連絡電話及地址，將有專人與您連絡補寄商品。